建筑环境与设备工程专业
实验指导书

娄承芝　主　编

田　浩　袁小平　李丽萍　副主编

天津大学出版社
TIANJIN UNIVERSITY PRESS

内 容 提 要

《建筑环境与设备工程专业实验指导书》适用于普通高校中建筑环境与设备工程(暖通)专业本科生。本书涵盖了专业课教学中的实验课内容,并介绍了本专业领域中常用仪器的使用操作和测量计算方法,对从事相关专业现场测试的技术人员有一定的参考价值。

图书在版编目(CIP)数据

建筑环境与设备工程专业实验指导书/娄承芝主编
. —天津:天津大学出版社,2017. 5
ISBN 978-7-5618-5595-9

Ⅰ.①建…　Ⅱ.①娄…　Ⅲ.①建筑工程 – 环境管理 –
高等学校 – 教学参考资料②房屋建筑设备 – 高等学校 – 教
学参考资料　Ⅳ.①TU-023②TU8

中国版本图书馆 CIP 数据核字(2017)第 083121 号

出版发行	天津大学出版社
地　　址	天津市卫津路 92 号天津大学内(邮编:300072)
电　　话	发行部:022-27403647
网　　址	publish. tju. edu. cn
印　　刷	北京京华虎彩印刷有限公司
经　　销	全国各地新华书店
开　　本	185mm×260mm
印　　张	10. 25
字　　数	256 千
版　　次	2017 年 5 月第 1 版
印　　次	2017 年 5 月第 1 次
定　　价	22. 00 元

前　　言

　　为了适应教学要求以及陆续投入使用的新仪器的现况,2015 年 11 月天津大学环境科学与工程学院建筑环境与设备工程系实验室组织实验技术系列全体教师对曾内部使用过的实验指导书进行了重新编写。本次编写一方面更新和改正了原书中发现的陈旧与错误之处,另一方面增加了基于新建实验台的相关实验指导,并对全书结构进行了进一步的调整。

　　另外,为了与本科教学不断改革的情况相适应,本书的内容结构采用了按实验项目分类的方式,主要分为两个部分:实验课程与常用仪器设备说明。这样做的好处一是增强了安排实验的灵活性,每年安排教学计划时可以根据教学内容的要求在完成相应实验的基础上提供更多的实验来进一步丰富学生的动手与理论分析能力;二是在实验过程中学生可以很方便地查阅所使用的仪器设备的说明书。本书有较详细的测量与计算方法,也可供相关专业现场测试的技术人员参考。

　　全书由娄承芝老师统稿,张于峰老师对本书提出了许多宝贵的意见。具体参加本次编写工作的老师有:娄承芝、田浩、袁小平、李丽萍。教研室从事专业课教学的安大伟、张于峰、由世俊、朱能、张欢、邢金城、周志华、刘俊杰、凌继红、田喆、孙贺江、盛颖等老师也为本书的编写做了大量的工作,在此表示衷心感谢。

编者

2017 年 2 月

目 录

第一部分:实验课程

实验一 煤的工业分析实验

一、实验目的

测定煤的水分、灰分、挥发分和固定碳的含量,为锅炉的设计、改造、运行和实验提供即时数据。

二、实验原理

根据水分、挥发分及固定碳在不同温度下以不同方式分离出来的特点,将制备并称量好的煤样置于特定设备中加热。当加热温度达到水的蒸发温度时,水分开始蒸发,待水分完全蒸发后,称量煤样的质量,其变化量即为煤的水分量。继续加热,煤样开始释放出挥发分,当挥发分挥发完毕后,煤样质量的减少量即为挥发分的质量。温度进一步升高,达到煤的燃点,煤样开始燃烧。待煤样燃烧完毕,再称量灰分,其减少量即固定碳的质量。

三、实验设备

实验设备有干燥箱、马弗炉、分析天平、干燥器、玻璃称量瓶或瓷皿、灰皿、坩埚、坩埚架、坩埚架夹和耐热金属板等(图1-1-1、图1-1-2)。

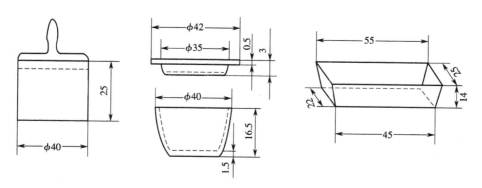

图1-1-1 玻璃称量瓶、瓷皿和灰皿

其中干燥箱又名烘箱或恒温箱,用于测定水分和干燥实验器皿。干燥箱带有自动调温装置,内有风机,顶部有水银温度计指示箱内温度。

马弗炉用于升高温度,它带有调温装置,炉膛中有恒温区,由热电偶和高温指示表来指示相关温度。

干燥器内有变色硅胶或未潮解的块状无水氯化钙类的干燥剂。

玻璃称量瓶或瓷皿都应有严密的磨口盖。

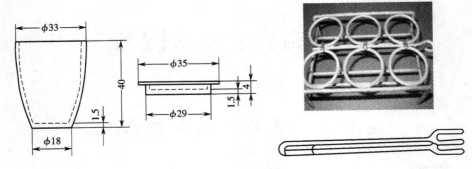

图 1 − 1 − 2   挥发分坩埚及其架夹

四、实验方法及数据处理

（一）水分的测定

煤的水分分为外水和内水两部分,相应地应测定外在水分和内在水分。

1. 外水分的测定

取盛煤样的容器,上下左右摇晃几分钟,使其混合均匀。然后取出煤样 500 g 放入温度为 70 ~ 80 ℃的烘箱内 1.5 h。取出煤样,放在室温下使其完全冷却,并称量。然后把它放在室温下进行自然干燥,并经常搅拌。每隔 1 h 称量一次,直至其质量变化不超过前次称量值的 0.1%,则认为该煤样已完全干燥。取最后一次称量值作为计算依据,则煤的外水分为

$$M_{ar}^{f} = \frac{m_1 - m_2}{m_1} \times 100\% \qquad (1-1-1)$$

式中　m_1——原煤样的质量,g;

　　　m_2——风干后煤样的质量,g。

将除去外水分的煤样磨碎,直至全部通过孔径为 0.2 mm 的筛子,用堆掺四分法将其分为两份。一份装于煤样瓶中,供测定空气干燥基水分和其他成分用;另一份封存。

2. 空气干燥基水分的测定

用预先烘干并称量的玻璃称量瓶(质量称量精度为 0.000 2 g)平行称取两份(1 ± 0.1)g 的分析试样(精确到 0.000 2 g),再一起放入预先通风并加热到 105 ~ 110 ℃的干燥箱中。在一直通风的条件下,无烟煤干燥 1.5 ~ 2 h,烟煤干燥 1 h 后,从干燥箱内取出称量瓶并加盖。在空气中冷却 2 ~ 3 min 后,放入干燥箱冷却至室温(约 25 min)称量。最后进行检查性干燥,每次干燥 30 min,直到试样的变化量小于 0.001 g 为止。如果是增量,以增量前一次质量为计算依据。对于水分在 2% 以下的试样,不进行检查性干燥。至此,试样失去的质量占试样质量的百分数即为分析试样的空气干燥基水分:

$$M_{ad} = \frac{m_1 - m_2}{m_1} \times 100\% \qquad (1-1-2)$$

式中　m_1——分析煤样的质量,g;

　　　m_2——烘干后煤样的质量,g。

煤的收到基水分由下式求得:

$$M_{ar} = M_{ar}^{f} + M_{ad}(1 - M_{ar}^{f})$$ （1 – 1 – 3）

上述两个平行试样的测定结果误差不超过表 1 – 1 – 1 所列的数值时，可取两个试样的平均值作为测定结果；超过表中的规定值时，实验应重做。

表 1 – 1 – 1   水分测定的允许误差

水分 M_{ad} (%)	同一化验室的允许误差 (%)	水分 M_{ad} (%)	同一化验室的允许误差 (%)
<5.00	0.20	<20.00	0.40
5.00 ~ 10.00	0.30	≥20.00	0.50
>10.00	0.40		

（二）灰分的测定

在经预先灼热和称量（称准到 0.000 2 g）的灰皿中，用天平称取两份（1 ± 0.1）g 的分析煤样（称准到 0.000 2 g），且平铺摊匀。把灰皿放在耐热板上，然后打开已被加热到 850 ℃的马弗炉炉门，将瓷板放进炉口加热，缓慢灰化。待煤样不再冒烟，微微发红后，缓慢小心地把它推入炉中高温区（若煤样着火发生爆炸，则试样作废）。关闭炉门，让其在（815 ± 10）℃的温度下灼烧 40 min。取出耐热板和灰皿，先放在空气中冷却 5 min，再放到干燥器中冷却至室温（约 20 min），然后称量。最后，进行每次 20 min 的检查性灼烧，直至称量的变化小于 0.001 g 为止。采用最后一次质量作为测定结果的计算值，即为分析煤样的灰分：

$$A_{ad} = \frac{m_2}{m_1} \times 100\%$$ （1 – 1 – 4）

式中 m_1——灼烧前分析试样的质量，g；

m_2——灼烧后灰皿中残留试样的质量，g。

煤的收到基灰分为

$$A_{ar} = A_{ad}(1 - M_{ar}^{f})$$ （1 – 1 – 5）

两份平行试样的测定结果误差不超过表 1 – 1 – 2 所列的允许值时，取两者的平均值；超出允许值时，实验应重做。

表 1 – 1 – 2   灰分测定的允许误差

灰分 A_{ad} (%)	同一化验室的允许误差 (%)	不同化验室的允许误差 (%)
<15	0.20	0.30
15 ~ 30	0.30	0.50
>30	0.50	0.70

（三）挥发分的测定

先将马弗炉加热到 920 ℃，再用预先在 900 ℃的马弗炉中烧至恒重的带盖坩埚称（1 ± 0.1）g 分析试样两份（精确到 0.000 2 g），轻轻振动使煤样摊开，然后加盖，放在坩埚架上。打开炉门，迅速将摆放坩埚的架子推入炉内的恒温区，关好炉门，在（900 ± 10）℃的高温下加热 7 min 后取出。在空气中冷却 5 ~ 6 min 后，放入干燥器中冷却至室温（约 20 min）后称量。失去的质量占试样原质量的百分数减去试样的空气干燥基水分 M_{ad}，即为分析试样的挥发分 V_{ad}：

$$V_{ad} = \frac{m_1 - m_2}{m_1} \times 100\% \ - M_{ad} \qquad (1-1-6)$$

式中　m_1——分析试样的质量，g；

m_2——分析试样灼烧后的质量，g。

煤的干燥无灰基挥发分可按下式求得：

$$V_{daf} = V_{ad}\left(\frac{1}{1 - M_{ad} - A_{ad}}\right) \qquad (1-1-7)$$

应该指出，实验开始时炉温会有所下降，但 3 min 内炉温必须恢复正常温度，即（900 ± 10）℃，并保持此温度直至实验完毕。否则，这次实验作废。

两份平行试样测定结果的误差不得超过表 1-1-3 规定的允许值，测定数据同样以两者的平均值为准。

表 1-1-3　挥发分测定的允许误差

挥发分 V_{ad}（%）	同一化验室的允许误差（%）	不同化验室的允许误差（%）
<20	0.30	0.50
20~40	0.50	1.00
>40	0.80	1.50

（四）固定碳的计算

利用水分、灰分及挥发分的测定结果，可由下式求得煤样的固定碳含量：

$$C_{ad}^{gd} = 1 - (M_{ad} + A_{ad} + V_{ad}) \qquad (1-1-8)$$

固定碳的收到基含量由下式求得：

$$C_{ar}^{gd} = C_{ad}^{gd}\left(\frac{1 - M_{ar}}{1 - M_{ad}}\right) \qquad (1-1-9)$$

事实上，挥发分测定后留在坩埚中的即为焦炭，去掉其中的灰分即是固定碳 C_{ad}。

实验数据记录及计算表格见表 1-1-4。

表 1 - 1 - 4　煤的工业分析实验数据记录

煤样来源_____ 煤种_____ 外在水分_____ 实验者_____ 实验日期_____

名称	单位	测定项目							
		水分 M_{ad}		灰分 A_{ad}		挥发分 V_{ad}		固定碳 C_{ad}^{gd}	
		试样 1	试样 2	试样 1	试样 2	试样 1	试样 2	试样 1	试样 2
器皿(加盖)及试样总质量	g								
器皿(加盖)质量	g								
试样质量 m_1	g								
灼烧(烘干)后总质量	g								
灼烧(烘干)后试样质量 m_2	g								
分析结果	%								
平行误差	%								
分析结果平均值	%								

五、思考题

(1)为什么要用分析试样？分析试样与炉前收到基煤之间有什么差别？

(2)煤的风干水分与外在水分是一回事吗？为什么？

(3)测定灰分时,为什么不能把盛试样的灰皿一下子推入高温炉中？

(4)从干燥箱、马弗炉中取出的试样,为什么一定要冷却至室温称量？

(5)试鉴别所测煤样灰熔点的高低及焦渣的黏结特性。

实验二　煤的发热量测定实验

一、实验目的

发热量是煤的重要特性之一。在锅炉设计和锅炉改造工作中,发热量是组织锅炉热平衡、计算燃烧物料平衡等各种参数和选择设备的重要依据。在锅炉运行管理中,发热量也是指导合理配煤、掌握燃烧、计算煤耗量等的重要指标。

二、实验原理

让已知质量的煤样在氧气充足的条件下完全燃烧,燃烧放出的热量被一定量的水和热计量筒体吸收。待系统平衡后,测出温度的升高值,并考虑水和热计量筒体的热容量以及周围环境温度等的影响,即可计算出该煤样的发热量。

煤样在有过量氧气(氧气压强在 2.7 ~ 3.5 MPa)的氧弹中完全燃烧,燃烧产物的终了温度为实验室环境温度(20 ~ 25 ℃),在此条件下测得的热量称为煤的空气干燥基弹筒发热量 $Q_{b,ad}$。它包含煤中的硫 S_{ad} 和氮 N_{ad} 在弹筒的高压氧气中形成液态硫酸和硝酸时放出的热以及煤中的水分 M_{ad} 和氢 H_{ad} 完全燃烧生成的水的凝结热,而煤在炉子中燃烧是不会生成这些酸和水的。因此,实验室测得的弹筒发热量 $Q_{b,ad}$ 比高位发热量 $Q_{gr,ad}$ 还要大一些。这样依据它们之间的关系,可计算得到煤样的收到基低位发热量 $Q_{net,ar}$。

三、实验设备和仪器

(一)全自动恒温式量热仪

全自动恒温式量热仪由恒温式量热系统及单片微机控制系统等部分组成,是一种由单片微机系统自动控制,能进行数据处理的高度自动化的热量测量仪器。全自动恒温式量热仪结构如图 1 - 2 - 1 所示。

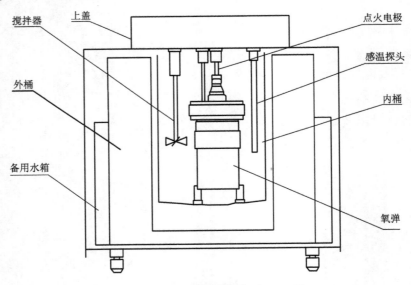

图 1 - 2 - 1　全自动恒温式量热仪本体

1. 外桶

外桶为金属制成的双壁容器,有上盖。

2. 内桶

内桶用紫铜、黄铜或不锈钢制成,断面可为圆形、菱形或其他适当形状。把氧弹放入内桶中后,装水 2 000 ~ 3 000 mL,浸没氧弹(氧气阀和电极除外)。

3. 氧弹

氧弹也叫弹筒,如图 1 - 2 - 2 所示。弹筒是一个圆筒,容积为 250 ~ 350 mL,弹头由螺帽压在弹筒上;坩埚放在坩埚架上,坩埚架与弹头之间系绝缘连接,进气导管与坩埚架构成两个电极,点火丝连接其间,弹头与弹筒之间由耐酸橡皮圈密封,氧气降压之后从进气阀进入氧弹;进气导管的上方有止回阀,氧气不会倒流。废气从放气阀排出。

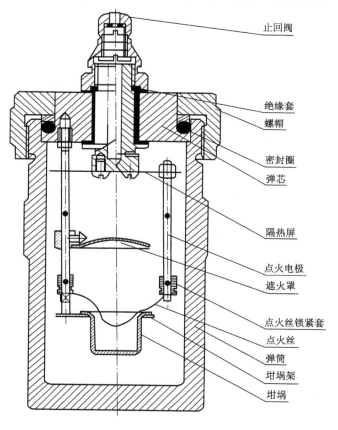

图 1 - 2 - 2 氧弹

在进气导管即电极柱上还装有安放坩埚的坩埚架以及防止烧毁电极的绝缘遮火罩。氧弹放入内桶置于内桶底部的固定支柱上,以保证氧弹底部有水流通,利于氧弹放热冷却。

（二）分析天平

分析天平精确到 0.000 2 g。

（三）试剂

（1）氧气,不含可燃成分,因此不允许使用电解氧。

(2)苯甲酸,经计量机关检定并标明热值。

四、实验步骤

(1)在坩埚中称取分析试样(粒径小于 0.2 mm)1~1.2 g(精确至 0.000 2 g)。对发热量高的煤,采用低值;对发热量低的煤或水当量大的热量计,可采用高值。试样也可在表面皿上直接称量,然后仔细移入清洁干燥的坩埚中。

对于燃烧时易于飞溅的试样,可先用已知质量的擦镜纸包紧,或先压成煤饼,再切成边长 2~4 mm 的小块使用。无烟煤、一般烟煤和高灰分煤等不易燃烧完全的试样,最好以粉状形式燃烧。此时,在坩埚底部铺一层石棉绒,并用手指压紧。石英坩埚不需任何衬垫。如加衬垫仍燃烧不完全,则用已知质量和发热量的擦镜纸包裹称好的试样并用手压紧,然后放入坩埚中。

(2)往氧弹中加入 10 mL 蒸馏水,以溶解由氮和硫所形成的硝酸和硫酸。

(3)将坩埚固定在坩埚架上,把已量过长度的点火丝(10 mm 左右)的两端固定在电极上,中间垂下稍与煤样接触(对难燃的煤样,如无烟煤、贫煤),或保持微小距离(对易燃和易飞溅的煤样),并注意点火丝切勿与坩埚接触,以免短路而导致点火失败,甚至烧毁坩埚。还应注意防止两电极间以及坩埚同另一电极间短路。小心拧紧弹盖,注意避免坩埚和点火丝的位置因受震动而改变。

(4)把装好的氧弹在充氧仪下充氧,充氧压力为 2.8~3.2 MPa,超过 3.2 MPa 时需要放掉氧气,调整充氧压力后重新充氧,氧气瓶中压力小于 4 MPa 时,需要更换氧气瓶,充满后持续充氧 30 s。

(5)将内桶放到热量计外桶内的绝热架上,然后把氧弹小心放入内桶,水位一般在进气阀螺帽高度的三分之二处,并盖上外筒的盖子。

(6)输入数据:"设定"→"硫氢水",依次输入"全硫含量""氢含量""收到基全水""分析基水分",然后按"设定"返回开始菜单,实验开始。

(7)"发热量"→输入样品质量,然后按"发热量"返回开始菜单,实验开始。

(8)实验结束后,打开氧弹的放气阀,让其缓缓泄气放尽(不少于 1 min)。拧开氧弹盖,仔细观察弹筒和坩埚内部,如有试样燃烧不完全的迹象或炭黑存在,此实验应作废。

(9)如需要用弹筒洗液测定试样的含硫量,则用蒸馏水洗涤弹筒部分以及放气阀、盖子、坩埚和燃烧残渣。把全部洗液(约 10 mL)收集在洁净的烧杯中,供硫的测定用。

五、思考题

(1)氧弹(弹筒)发热量与高低位发热量有何区别?燃料在锅炉炉膛中所释放出来的热量是哪一种发热量?为什么?

(2)测定发热量的实验室应具备什么条件?

(3)常用的热量计有哪几种类型?它们的差别是什么?

(4)热量计的热容量是什么意思?如何确定?

(5)对于燃烧时易于飞溅的试样或不易燃烧完全的试样(如高灰分的无烟煤),或发热量过低但能燃烧完全的试样,在测定发热量时应相应采取什么技术措施?

(6)如何减小周围环境温度对发热量测定结果的影响?你能设计(设想)两种较为理想的热量计吗?

实验三　烟气分析实验

一、实验目的

烟气分析是对烟气中各主要组成成分——三原子气体 RO_2（CO_2 及 SO_2）、氧气（O_2）、一氧化碳（CO）和氮气（N_2）的分析测定。根据烟气成分的分析结果，可以鉴别燃料在炉内的燃烧完全程度和炉膛、烟道各部位的漏风情况，进而采取有效技术措施以提高锅炉运行的经济性；根据分析结果还可以求出空气过量系数，为计算排烟热损失和气体不完全燃烧热损失提供重要的数据。

二、实验原理

用具有选择性吸收气体特性的化学溶液，在同温同压下分别吸收烟气中的相关气体成分，根据吸收前后体积的变化求出气体成分的体积分数。

（1）氢氧化钾溶液吸收三原子气体，其化学反应式为

$$2KOH + CO_2 = K_2CO_3 + H_2O$$

$$2KOH + SO_2 = K_2SO_3 + H_2O$$

（2）焦性没食子酸碱溶液吸收氧气，其化学反应式为

$$4C_6H_3(OH)_3 + O_2 = 2[(OH)_3C_6H_2—C_6H_2(OH)_3] + 2H_2O$$

（3）氯化亚铜氨溶液吸收一氧化碳气体，其化学反应式为

$$Cu(NH_3)_2Cl + 2CO = Cu(CO)_2Cl + 2NH_3 \uparrow$$

三、实验设备

（一）奥氏烟气分析仪

奥氏烟气分析仪的结构如图 1-3-1 所示，量筒 10 用以量取待分析的烟气，其上有刻度（0~100 mL），可以直接读出烟气的体积。量筒外侧套有盛水套筒 12，此盛水套筒保证烟气密度不受或少受外界气温影响。水准瓶（平衡瓶）11 由橡皮软管与量筒相连，内装有微红色的封闭液；水准瓶降低或升高，即可进行吸气取样或排气工作。

吸收瓶 1、2、3 中依次灌有氢氧化钾、焦性没食子酸碱和氯化亚铜氨吸收液，分别用以吸收烟气中的 RO_2、O_2 和 CO 气体成分。

（二）烟气取样装置

烟气取样装置由两个 2 500~5 000 mL 的玻璃溶液瓶和橡皮连接管组成（图 1-3-2），或由薄膜抽气泵和塑料气球组成。前者适用于正压和常压下大量气体试样的采取，后者可用于较大负压烟气试样的采取。

四、实验方法及数据处理

（一）烟气取样

（1）排出取样管路和取样瓶中的废气。将与烟气取样管 3（图 1-3-2）接通的取样瓶 1 置于高位，盛流出溶液的瓶 2 放在低位，打开夹子 5，使溶液流入瓶 2，烟气进入瓶 1。瓶 1 充满烟气后，先提升瓶 2，再旋转三通旋塞 4 使之与大气相通，将瓶 1 中的烟气排尽，关闭三通旋塞。如此重复操作 2~3 次，即可正式取样。

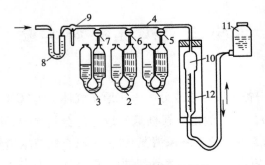

图 1 - 3 - 1　奥氏烟气分析仪

1、2、3—烟气吸收瓶;4—梳形管;5、6、7—旋塞;8—U 形过滤器;
9—三通旋塞;10—量筒;11—水准瓶;12—盛水套筒

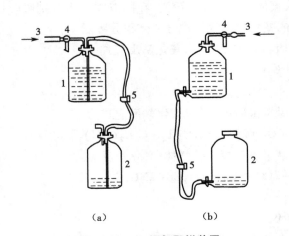

（a）　　　　　　　　　　（b）

图 1 - 3 - 2　烟气取样装置

（a）瓶中插有玻璃取样装置　（b）瓶中没有玻璃取样装置

1—取样瓶;2—盛流出溶液的瓶;3—与气体通道相连的管;4—三通旋塞;5—夹子

（2）烟气取样。旋转三通旋塞使瓶 1 与取样管接通,置瓶 2 于低位,烟气随封闭液的流出而进入瓶 1。取样速度可通过调节夹子的松紧加以控制,一般数分钟至半小时采集一瓶烟气试样。

取样完毕后关闭三通旋塞,夹紧夹子,将封闭的取样瓶 1 取下,送实验室或供现场作烟气分析用。

（二）烟气分析

（1）排出废气。连接奥氏烟气分析仪与烟气取样瓶（或锅炉烟道）后,在放低水准瓶的同时打开三通旋塞 9,吸入烟气试样;继而旋转三通旋塞,升高水准瓶将这部分烟气与管中空气的混合气体排至大气。如此重复操作数次,以冲洗整个系统,使之不残留非试样气体。

（2）烟气取样。放低水准瓶,将烟气试样吸入量筒,待量筒中的液面降到最低标线——"100"（mL）刻度线以下少许,保持水准瓶和量筒的液面处在同一水平,关闭三通旋塞。稍等片刻,待烟气试样冷却再对零位,至恰好取 100 mL 烟气为止。

（3）烟气分析。先抬高水准瓶,后打开旋塞 5,将烟气试样通入吸收瓶 1 吸收其中的三

原子气体 RO_2，往复抽送 $4\sim5$ 次后，将吸收瓶内吸收液的液面恢复至原位，关闭旋塞 5。对齐量筒和水准瓶的液位后，读取烟气试样减小的体积。然后再次进行吸收操作，直到烟气体积不再减小为止。至此所减小的烟气体积，即为二氧化碳和二氧化硫的体积分数之和——V_{RO_2}（%）。

在 RO_2 被吸收以后，依次打开第二、第三个吸收瓶，用同样方法即可测出烟气试样中氧气和一氧化碳的体积分数——V_{O_2} 和 V_{CO}（%），最后剩余的体积分数便是氮气的体积分数——V_{N_2}（%）。

由于焦性没食子酸碱溶液既能吸收 O_2，也能吸收 RO_2，氯化亚铜氨溶液在吸收 CO 的同时也能吸收 O_2，所以烟气分析的顺序必须是 RO_2、O_2 和 CO，不可颠倒。

（三）实验数据处理

因为含有水蒸气的烟气在奥氏烟气分析仪中一直与水接触，始终处于饱和状态，因此测得的体积分数是干烟气各成分的体积分数，即

$$V_{RO_2} + V_{O_2} + V_{CO} + V_{N_2} = 100\%$$

如烟气试样的体积为 V，吸收 RO_2 后的读数为 V_1，则

$$V_{RO_2} = \frac{V - V_1}{V} \times 100\% \tag{1-3-1}$$

烟气试样再顺序通过吸收瓶 2 和 3，吸收 O_2 和 CO 后的读数分别为 V_2、V_3，则有

$$V_{O_2} = \frac{V_1 - V_2}{V} \times 100\% \tag{1-3-2}$$

$$V_{CO} = \frac{V_2 - V_3}{V} \times 100\% \tag{1-3-3}$$

烟气分析可采用表 1-3-1 所示的记录表格。

表 1-3-1 烟气分析实验记录表

燃用煤种_____　取样地点_____　实验日期_____

项目			时间					平均值
烟气试样体积 V		mL						
RO_2	吸收后的读数 V_1	mL						
	分析值	%						
O_2	吸收后的读数 V_2	mL						
	分析值	%						
CO	吸收后的读数 V_3	mL						
	分析值	%						

五、思考题

（1）进行烟气分析时，要求烟气试样顺序进入 RO_2、O_2 及 CO 的吸收瓶进行吸收，该顺序

是否能作适当的调整？为什么？

（2）烟气试样中或多或少都含有水蒸气，为什么可以把烟气分析结果认为是干烟气成分的体积分数？

（3）烟气分析可能产生误差的因素有哪些？

（4）有一组烟气分析结果：$V_{RO_2} + V_{O_2} + V_{CO} > 21\%$，试判断其可靠性，并分析、寻找原因。

（5）如果对锅炉炉膛出口的烟气进行分析得 $V_{RO_2} < 10\%$，$V_{O_2} > 10\%$，这说明什么？对一个运行的锅炉来说，可能存在哪些问题？应该怎样改进？

实验四　室内外气象条件测定实验

一、实验目的

通过了解空调工程常用仪表的基本原理和操作，掌握空调工程室内外常用气象条件测定方法。空调工程常用仪表通常包括测定空气温度、空气流动速度、空气相对湿度等参数的检测仪表。

二、实验仪器

（一）温度检测仪表

1. 玻璃棒温度计

玻璃棒温度计是通过往厚壁的玻璃毛细管内部填充水银或酒精而制成的。常用的水银玻璃棒温度计测温范围为 –30~500 ℃，酒精玻璃棒温度计测温范围为 –100~75 ℃。水银温度计根据准确度又分普通水银温度计和标准水银温度计。普通水银温度计最小刻度值有 2 ℃、1 ℃、0.5 ℃几种；标准水银温度计最小刻度值有 0.1 ℃、0.01 ℃。

玻璃棒温度计价格便宜、构造简单、使用方便，并有足够高的准确度，但不能遥测、热惰性大。为准确测量温度，应根据要求选用温度计，在读数时应使液柱面稳定后再开始读数；观察者视线应与温度计轴线垂直；在读数时应尽量避免对着温包呼吸。

2. 双金属温度自记仪

一般金属温度升高时将伸长，温度降低时将缩短；把两片温度变化时膨胀程度不同的金属合在一起，做成弧形双金属片，就组成了测温仪。它能自动记录一天或一周的空气温度，测量范围为 –35~45 ℃，使用前要用最小刻度值为 0.1 ℃的温度计校正。

3. 半导体点温计

半导体点温计由半导体热敏电阻和电桥组成。它利用半导体的电阻值随温度升高而减小的性质来测量温度。半导体点温计热惰性小、反应快、携带方便，但精度较低。

（二）空气相对湿度检测仪表

1. 干湿球湿度计

干湿球湿度计由两支相同的温度计组成，其中一支温度计直接测空气干球温度，称为干球温度计；另一支温度计包有纱布，纱布下端浸入水中，称为湿球温度计。包裹湿球的纱布力求松软，并有良好的吸水性，同时保持纱布及小瓶水清洁。

湿球温度计球部表面的水蒸发的强度由周围空气的湿度决定。周围空气的湿度越小，湿球温度计球部表面的水蒸发越快，其表面温度越低。测得的湿球温度是温度计周围的空气层达到饱和时的温度，所以干球温度与湿球温度的差值随空气的湿度而变化。有了干、湿球温度就可查表或者查 i—d 图得到空气的相对湿度。

2. 阿斯曼湿度计

根据传湿原理，水分蒸发与湿球周围的空气流速有关。实验证明，当空气流速大于 4.0 m/s 时，空气流速对热湿交换过程的影响已不显著，湿球温度趋于稳定。为提高测试精度，常用带小风扇的干湿球温度计即阿斯曼湿度计。它也由两支相同的温度计组成，一支为干球,一支为湿球。带小风扇的干湿球湿度计球部周围套有防辐射热的金属套,空气流动的速度固定在 2~4 m/s。带小风扇的干湿球湿度计便于携带,适用于室内外经常变动位置的测点。

3. 自记毛发湿度计

自记毛发湿度计是利用脱脂毛发在空气湿度发生变化时长度会产生变化的特性来测量相对湿度的仪器。它可自动记录一天或一周的相对湿度,测量范围为 30%~100%。

(三)风速检测仪表

1. 叶轮风速仪

叶轮风速仪是利用流动气体的动压来推动翼形叶轮转动,经计数机构显示来测量风速的仪表。它一般用于测定动压力不大、流速较低的空气流速。

2. 转杯风速仪

转杯风速仪的叶轮由四个半圆球形的杯形叶片组成,它们的凹面朝向一方,装配在垂直于气流方向的轴上,并采用机械传动方式连接到计数机构上。仪器的计数机构有两种,一种内部自带计时装置,可以直接读出风速(m/s 或 m/min);另一种是不带计时装置的,使用时必须另配秒表。转杯风速仪的测定范围一般为 1~20 m/s。不带计时装置的转杯风速仪与叶轮风速仪测量方法相同,本实验用它来测风道出口的风速。

3. 热电风速仪

热电风速仪是一种新型测风速用仪器,测头内有一个玻璃小球,其内有电阻线圈。对电阻线圈通以一定大小的电流给小球加热。将测头置于被测的气流中,则玻璃小球温度升高值与气流速度有关。风速越小,温升越大;风速越大,温升越小;风速为零时,温升最大。因此通过校正找出玻璃小球温升与风速之间的关系,再用热电偶测出玻璃小球的温升,通过表头就可以反映出风速大小。其测量范围有 0.05~5 m/s 和 0.05~10 m/s 两种规格,测量误差为 5%。

热电风速仪具有使用方便、反应快、对微风速感应灵敏等优点;但是测量元件易损坏,价格也高,使用时一定注意不要超过表头的量程。

(四)室外气象参数自动记录仪

室外气象参数自动记录仪是一种由微电脑控制的自动记录装置,可以对室外的温度、湿度、风速、大气压力、太阳辐射强度以及雨量等进行测量和记录。

三、实验方法及数据处理

(一)实验要求

(1)了解各种温度计、风速计、干湿球湿度计、毛发湿度计、热电风速仪等仪器的基本原理、构造及使用方法。

(2)用仪器测定出数据,再经查表或计算得出测定结果。每项参数至少测量三次再取平均值。

(二)空气温度的测定

使用玻璃棒温度计、双金属温度自记仪和半导体点温计测量室内空气温度,测得的数值记入表 1-4-1 中。

表 1-4-1　温度测定记录表

仪表名称	型号	测量范围	分辨率	测量值（℃）			温度平均值（℃）
				1	2	3	
玻璃棒温度计							
双金属温度自记仪							
半导体点温计							

（三）空气相对湿度的测定

利用干湿球温度计、阿斯曼湿度计和自记毛发湿度计测量房间内空气相对湿度，测得的数值记入表 1-4-2 中。

表 1-4-2　空气相对湿度测定记录表

仪表名称	测量序号	干球温度（℃）	湿球温度（℃）	干湿球温度差（℃）	查干湿表法		查焓湿图法	
					φ	$\bar\varphi$	φ	$\bar\varphi$
干湿球温度计	1							
	2							
	3							
阿斯曼温度计	1							
	2							
	3							
自记毛发湿度计	1	$\varphi=$						
	2	$\varphi=$			$\bar\varphi=$			
	3	$\varphi=$						

（四）风速的测定

1. 使用叶轮风速仪测风速

（1）观测开始之前关闭计数器，并记录下初读数 M_0（格）。

（2）将风速仪放在观测地点，风速仪刻度应面向观察者，测定开始之前应先使风速仪自由转动 1~2 min。

（3）同时打开风速仪的开关和秒表，测试 1~2 min 或 100 s 后，同时关闭风速仪及秒表，记下读数 M（格）及时间 t。

（4）计算风速：

$$v_0(格/s) = \frac{M(格) - M_0(格)}{t(s)} \qquad (1-4-1)$$

根据此值查风速表校正曲线即得风速值 v_0。

叶轮风速仪测定记录表见表 1-4-3。

表 1 - 4 - 3　叶轮风速仪测定记录表

次数	初读数 M_0(格)	终读数 M(格)	M(格) $- M_0$(格)	时间 t(s)	风速(m/s)	平均风速(m/s)
1						
2						
3						

使用叶轮风速仪测风速时,必须保持风速仪表面与气流垂直,注意人体尽量少遮挡气流或不遮挡气流,禁止用手转动风速仪的叶轮、叶轮转动时突然后吹或强行停转等。

2. 使用转杯风速仪测风速

(1)使用不带计时装置的转杯风速仪测风速,其记录表见表 1 - 4 - 4。

表 1 - 4 - 4　不带计时装置的转杯风速仪测定记录表

次数	初读数 M_0(格)	终读数 M(格)	M(格) $- M_0$(格)	时间 t(s)	风速(m/s)	平均风速(m/s)
1						
2						
3						

(2)使用轻便三杯风向风速仪测风速,其记录表见表 1 - 4 - 5。

表 1 - 4 - 5　轻便三杯风向风速仪测定记录表

次数	风速(m/s)	校正后的风速(m/s)	平均风速(m/s)
1			
2			
3			

3. 使用热电风速仪测风速

热电风速仪只适用于测量清洁空气的流速。应防止仪器振动、受碰击,不用时应保持干燥。测头金属易损坏,使用时严禁超过测定表盘规定的空气流速。使用热电风速仪应遵照操作要求进行。

热电风速仪在使用前,必须观察表头的指针是否指示零点,如有偏移可轻轻调整电表上的机械调零螺丝,使指针回到零点。将"校正开关"置于"满度"的位置,测杆插头插在插座上,测杆竖直向上放置,螺塞压紧使探头密封,慢慢调整"满度"调节旋钮使其满度。将"校正开关"置于"零位"的位置,慢慢调整"粗调""细调"两个旋钮,使表头指在零点的位置。

经以上步骤后,轻轻拉动螺塞,使测杆探头露出,置于被测气流中,即可进行测定。测头上的红点应面对气流,从表头读出风速的大小,根据表头的读数查阅所给的校正曲线,可得出被测风速。

热电风速仪测定记录表见表 1 - 4 - 6。

表 1 - 4 - 6　热电风速仪测定记录表

次数	风速(m/s)	校正后的风速(m/s)	平均风速(m/s)
1			
2			
3			

四、思考题

（1）测定室内微小气流的风速需要哪些仪器？测定室外风速采用哪些仪器较合适？

（2）测定风道内的风速可采用哪些仪器？

（3）用阿斯曼湿度计测量相对湿度比用干湿球湿度计测量要准确些，为什么？

实验五 空调系统风量测定与调节实验

一、实验目的

(1)了解和掌握空调系统风量调节的原理及方法。

(2)熟悉和掌握本实验所用的测试仪器及其工作原理、使用方法。

二、实验原理

由流体力学可知,风管的阻力近似与风量的平方成正比,即

$$P_\xi = \xi Q^2 \tag{1-5-1}$$

式中 P_ξ——风管的阻力;

Q——风量;

ξ——风管的阻力特性系数。

ξ 值与风管的局部阻力、摩擦阻力等因素有关。当风管中的风量发生变化但其他条件不变时,ξ 值基本不变。

分支管(Ⅰ)及分支管(Ⅱ)的阻力分别为

$$P_{\xi 1} = \xi_1 Q_1^2 \tag{1-5-2}$$

$$P_{\xi 2} = \xi_2 Q_2^2 \tag{1-5-3}$$

系统工作时,$P_{\xi 1} = P_{\xi 2} = \xi_2 Q_2^2$,则

$$Q_1 / Q_2 = \sqrt{\xi_2 / \xi_1} \tag{1-5-4}$$

当分支管(Ⅰ)的风量发生变化时,1#、2#风口的进风量将变为 Q_1'、Q_2',但只要分支管(Ⅰ)、(Ⅱ)的阀门不动,就有以下关系:

$$Q_1' / Q_2' = \sqrt{\xi_2 / \xi_1} = Q_1 / Q_2 \tag{1-5-5}$$

因此,当分支管(Ⅰ)的风量发生变化时,分支管(Ⅰ)及分支管(Ⅱ)中的流量总是按一定的比例($\sqrt{\xi_2 / \xi_1}$ = 常数)进行分配的。这就是空调系统风量调节的原理。

送风口风量的测定采用热电风速仪。为使散流器的气流稳定,便于准确地测量,气流风口加装一些短管,将出口断面分成若干小断面(小断面面积 $\leqslant 0.05 \text{ m}^2$),测出每一个小断面中心处的风速 v_i,求出其平均风速 $\bar{v}$,平均风速为

$$\bar{v} = \sum_{i=1}^{n} v_i / n \tag{1-5-6}$$

送风口的风量 Q 为

$$Q = 3\,600 F \bar{v} \tag{1-5-7}$$

式中 F——风口断面积,m^2。

通过调节使系统中各送风口的风量均达到 800 m^3 / h。

三、实验装置

空调系统风量调节实验装置示意如图 1-5-1 所示。

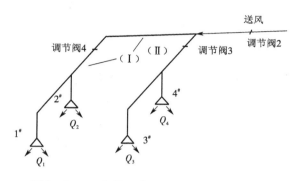

图 1 - 5 - 1   空调系统风量调节实验装置示意

四、实验方法及数据处理

1. 启动风机

将系统中的各阀门调至最大开度。

2. 初测各送风口的送风量

计算出测量风量与要求风量（800 m³/h）之比的百分数，记录在表 1 - 5 - 1 中。

表 1 - 5 - 1   各送风口初测风量记录表

风口编号	风速（m/s）										风量（m³/h）	测量风量/要求风量（%）
	1	2	3	4	5	6	7	8	9	v		
1#												
2#												
3#												
4#												

3. 进行风量初调

初调在各分支管中进行，每一分支管以初测值与要求值之比最小的风口为基准风口，逐个调节其他风口，使各风口风量的测量值与基准风口风量的测量值之比接近对应的要求值之比。

（1）调节一般从离风机最远的分支管开始，如图 1 - 5 - 1 中的分支管（Ⅰ）。在基准风口（假设为 1# 风口）与调节风口（2# 风口）处用两套仪器同时测量，调节 2# 风口阀门，使两者测量值之比 $\frac{Q_2}{Q_1}$ 接近要求风量之比 $\frac{Q_2}{Q_1} = \frac{800}{800} = 1$，并将测量值列于表 1 - 5 - 2 中。

表 1-5-2　分支管(Ⅰ)各风口调节风量记录表

测量次数	风口编号	风速(m/s)										风量(m³/h)	误差(%)
		1	2	3	4	5	6	7	8	9	v		
第一次	1#												
	2#												
第二次	1#												
	2#												
第三次	1#												
	2#												

注:表中误差为 2# 风口风量与 1# 风口风量测量值之比与要求值之比的相对误差。

(2)以同样的方法进行分支管(Ⅱ)风口风量的调节并填于表 1-5-3 中。

表 1-5-3　分支管(Ⅱ)各风口调节风量记录表

测量次数	风口编号	风速(m/s)										风量(m³/h)	误差(%)
		1	2	3	4	5	6	7	8	9	v		
第一次	3#												
	4#												
第二次	3#												
	4#												
第三次	3#												
	4#												

(3)进行分支管(Ⅰ)及分支管(Ⅱ)流量的调节,用两套仪器同时测量分支管(Ⅰ)的基准风口(1#)风量及分支管(Ⅱ)的基准风口(3#)风量,调节风口阀门 3 使这两个风口的测量风量之比接近要求风量之比。测量数据记录在表 1-5-4 中。

表 1-5-4　分支管(Ⅰ)、(Ⅱ)风量初调记录表

测量次数	风口编号	风速(m/s)										风量(m³/h)	误差(%)
		1	2	3	4	5	6	7	8	9	v		
第一次	1#												
	3#												
第二次	1#												
	3#												
第三次	1#												
	3#												

4.进行总风量调节

测量 $1^{\#}$ 或 $3^{\#}$ 风口的风量，调节风口阀门 2，使该风口的风量达到要求值。测量数据记录在表 1 - 5 - 5 中。

表 1 - 5 - 5　总风量调节结果记录表

测量次数	风口编号	风速(m/s)										风量(m³/h)	误差（%）
		1	2	3	4	5	6	7	8	9	v		
第一次													
第二次													
第三次													

五、思考题

（1）送风口散流器后加设测试短管进行调节测量，会对系统实际运行时的风量有什么影响？其影响的大小和什么因素有关？欲消除上述影响，风口测试短管应如何改进？

（2）进行风量调节时为什么要以分支管上初测风量与要求风量之比较小的风口为基准风口？

实验六　　空气过滤器性能实验

一、实验目的

(1) 了解空气过滤器的计数效率、阻力、容尘能力的测定方法。

(2) 熟悉所用尘粒计数器、微压计等仪器的使用方法。

二、实验原理

(一) 风量的测定

空气过滤器风量的测定方法是先测量流量孔板前后的静压差,再查事先校好的曲线,得到风速,根据风管的截面积计算出风量。

(二) 大气尘分组计数效率的测定

在额定风量下,一般用两台粒子计数器同时测出受试过滤器上、下风侧空气中粒径大于或等于 $0.5~\mu m$、大于或等于 $1.0~\mu m$、大于或等于 $2.0~\mu m$ 和大于或等于 $5.0~\mu m$ 粒子的计数浓度;当受试过滤器对 $0.5~\mu m$ 粒径挡的计数效率低于 90% 时,也可用一台计数器进行测定,受试过滤器的大气尘计数效率为其上、下风侧计数浓度之差与上风侧计数浓度之比,以百分数表示。

(三) 阻力的测定

在测定各挡计数效率的同时,用装在过滤器前后管道上的静压环引出橡胶管接在微压计上测空气过滤器的阻力。未积尘的受试过滤器的阻力至少应在额定风量的 50% 、75% 、100% 和 125% 四种风量下测定,以求得受试过滤器的风量与阻力关系曲线。

(四) 容尘量的测定

容尘量是指在规定的风速及终阻力下单位面积滤材所容纳的灰尘的质量(g/m^2)。

做容尘量的实验时,一般用人工尘作尘源,把人工尘装在瓶中,用真空泵将尘吹起送入风道,经过过滤器,尘留在过滤器上。

实验时先将过滤器称重,装进风道,把风量调到规定的滤速,记下初阻力,然后发尘。

当阻力达到 2 倍初阻力时,停止发尘,关闭风机,拆下过滤器称重,它与干净过滤器初重之差值即为 2 倍初阻力时的容尘量,以单位面积的容尘克数(g/m^2)表示。

然后把过滤器装进风道,按规定的滤速测 3 倍初阻力时的容尘量。

三、实验装置

空气过滤器性能实验装置如图 1 - 6 - 1 所示。

在实验系统空气入口的邻近管道内,设有多孔混灰板,在方形实验管段前部装有隔栅整流器,以保证实验段气流均匀和稳定。空气过滤器或滤料装在方形管段中间,静压环装在空气过滤器的前后,用以测量过滤器的阻力。尘粒计数器测量过滤器前后各挡的尘粒数。用微压计测出孔板的压差,用事先标定的图表查出方形风道的风速。在做容尘量实验时需要开动发尘装置,发尘瓶中装有人工尘,用真空泵吹起发尘瓶中的灰尘,经喷灰口送入风道。在做计数效率实验时发尘装置不开,以实验室大气尘为尘源。

尘粒计数器用于测量净化环境空气中尘埃的颗粒数。一般采用光散射式粒子计数器。

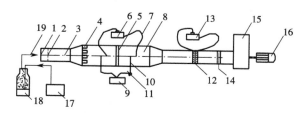

图1－6－1　空气过滤器性能实验装置

1—空气入口；2—多孔混灰板；3—进灰管段；4—方格整流器；
5—空气过滤器；6—微压计；7—静压环；8—方形实验管段；
9—尘埃粒子计数器；10—采样管；11—止血钳；12—流量孔板；
13—微压计；14—插板阀；15—风机；16—电机；17—真空泵；
18—发尘瓶；19—喷灰口

当采用两台计数器时，两台计数器应具有尽可能相同的灵敏度。粒子计数器至少应有大于或等于0.5 μm、大于或等于1.0 μm、大于或等于2.0 μm和大于或等于5.0 μm四个挡位，并应按《尘埃粒子计数器性能试验方法》（GB 6167—2007）进行标定。

粒子计数器可自动地进行周期性的重复测量，每隔18 s进行读数或记录，然后自动清除并回零；重复测量。

四、实验方法及数据处理

1. 阻力的测定

（1）将过滤器装进风道中实验装置图1－6－1所示的位置，把仪器按实验装置图连接好，并确保受试过滤器安装边框处不发生泄漏。

（2）启动风机，用微压计测出50%、75%、100%和125%额定风量下的阻力，并绘制风量阻力曲线，将结果填入表1－6－1中。

表1－6－1　过滤器初阻力性能记录表

过滤器名称 型号	过滤器编号	阻力(Pa)				
		额定风量 (m³/h)	50% 额定风量 (m³/h)	75% 额定风量 (m³/h)	100% 额定风量 (m³/h)	125% 额定风量 (m³/h)

2. 大气尘粒径分组计数效率的测定

（1）确保受试过滤器安装边框处不发生泄漏。

（2）启动风机，检查是否保持受试过滤器的额定风量。

（3）在受试过滤器上风侧的采样位置上用事先经过校正的粒子计数器尽可能做到等速采样。当数据稳定地出现大于或等于0.5 μm的粒子多于20 000粒/L时，在上、下风侧用粒子计数器正式采样。

（4）按照表1－6－2测定第Ⅰ～Ⅳ类效率时，最小采样量应大于0.5 L/min；测定第Ⅴ

类效率时,最小采样量应大于 1 L/min。

表 1 - 6 - 2　过滤效率分类表

类别	I	II	III	IV	V
粒径(μm)	≥5.0	≥5.0	≥1.0	≥1.0	≥0.5
计数效率(%)	$E < 40$	$40 \leqslant E < 80$	$20 \leqslant E < 70$	$70 \leqslant E < 99$	$95 \leqslant E < 99.5$

当大气尘粒径分组计数效率测定结果同时满足表 1 - 6 - 2 中的两个类别时,按较低类别评定。

①当用两台粒子计数器测定时,对于测定的每一个过滤器,在测定开始前,两台计数器应在下风侧采样点轮流采样各 10 次,设备自测得的平均浓度为 N_1、N_2,N_1、N_2 和 $(N_1 + N_2)/2$ 之差应在 20% 之内。以后对下风侧的每次测定值(设为 N_2')皆与 N_1/N_2 这个值相乘进行修正。

②当用两台粒子计数器测定时,必须待数值稳定后各取连续 3 次读数的平均值,求一次效率;再取连续 3 次读数的平均值,求一次效率。

③当只用一台粒子计数器测定时,必须待读数稳定后,先下风侧、后上风侧各测 5 次,取 5 次读数的平均值,求一次效率;当仪器从上风侧移向下风侧测定时,必须使仪器充分自净,然后重新操作,再取 5 次读数的平均值,求一次效率。(上述两条中的各 2 次计数效率应满足表 1 - 6 - 3 的规定。)

表 1 - 6 - 3　计数效率表

第一次效率 E_1	第二次效率 E_2 和 E_1 之差
<40%	$< 0.3E_1$
<60%	$< 0.15E_1$
<80%	$< 0.08E_1$
<90%	$< 0.04E_1$
<99%	$< 0.02E_1$
≥99%	$< 0.01E_1$

用下式求出受试过滤器的粒径分组计数效率,小数点后只取一位。

$$E_i = \left(1 - \frac{N_{1i}}{N_{2i}} \right) \times 100\% \qquad (1 - 6 - 1)$$

式中　E_i——粒径分组计数效率,%;

N_{1i}——下风侧大于或等于某粒径粒子计数浓度的平均值,粒/L;

N_{2i}——上风侧大于或等于某粒径粒子计数浓度的平均值,粒/L。

将结果填入表 1 - 6 - 4 中。

表 1 - 6 - 4　过滤器大气尘粒径分组计数效率性能记录表

过滤器名称、型号	过滤器编号	上风侧					下风侧					分组计数效率(%)			
		测定次数	计数器读数(粒/L)				测定次数	计数器读数(粒/L)				≥0.5 μm	≥1.0 μm	≥2.0 μm	≥5.0 μm
			≥0.5 μm	≥1.0 μm	≥2.0 μm	≥5.0 μm		≥0.5 μm	≥1.0 μm	≥2.0 μm	≥5.0 μm				
平均值															

实验七　伞形排气罩性能实验

一、实验目的

（1）掌握伞形排气罩的流量、阻力、局部阻力系数、流量系数的测定方法，采用动压法、静压法、热电风速仪测量罩面平均速度和排风量，并对各种方法的测定结果进行比较，了解排气罩前轴心线上相对速度的变化规律。

（2）熟悉和掌握本实验所用仪器的原理及使用方法。

二、实验装置

伞形排气罩性能实验装置如图 1 - 7 - 1 所示。

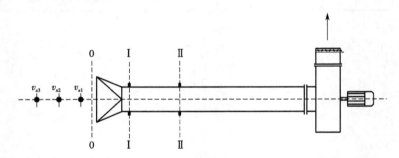

图 1 - 7 - 1　伞形排气罩性能实验装置示意

三、实验原理

1. 伞形排气罩局部阻力系数的测定

根据流体力学知识，伞形排气罩的 0—0 和 I—I 断面的气体能量方程式为

$$p_{q0} = p_{qI} + \Delta p_{\zeta} \tag{1 - 7 - 1}$$

因

$$p_{q0} = 0$$

即

$$0 = p_{jI} + p_{dI} + \Delta p_{\zeta} \tag{1 - 7 - 2}$$

则

$$\Delta p_{\zeta} = -(p_{jI} + p_{dI}) = -p_{qI} = \zeta \times \frac{\rho v^2}{2} = \zeta \times p_{dI} \tag{1 - 7 - 3}$$

所以

$$\zeta = \frac{\Delta p_{\zeta}}{p_{dI}} = \frac{|p_{qI}|}{p_{dI}} \tag{1 - 7 - 4}$$

式中　p_{q0}——罩口处 0—0 断面上的全压，Pa；

p_{qI}——I—I 断面上的全压，Pa；

p_{jI}——I—I 断面上的静压，Pa；

p_{dI}——I—I 断面上的动压，Pa；

Δp_ζ——排气罩的阻力损失，Pa；

ζ——排气罩的局部阻力系数。

2. 伞形排气罩排风量的测定

1）用静压法测风量

由式（1 - 7 - 3）得

$$p_{\mathrm{dI}} = \frac{1}{1 + \zeta} \left| p_{\mathrm{jI}} \right|$$

$$\sqrt{p_{\mathrm{dI}}} = \frac{1}{\sqrt{1 + \zeta}} \sqrt{\left| p_{\mathrm{jI}} \right|} = \mu \sqrt{\left| p_{\mathrm{jI}} \right|}$$

则

$$\mu = \sqrt{\frac{p_{\mathrm{dI}}}{\left| p_{\mathrm{jI}} \right|}} \tag{1 - 7 - 5}$$

伞形排气罩的排风量为

$$Q = F v_{\mathrm{I}} = \mu F \sqrt{\frac{2}{\rho} \left| p_{\mathrm{jI}} \right|} \tag{1 - 7 - 6}$$

式中　Q——伞形排气罩的排风量，$\mathrm{m^3/s}$；

v_{I}—— Ⅰ—Ⅰ 断面上的气流速度，m/s；

F—— Ⅰ—Ⅰ 断面上的管道面积，$\mathrm{m^2}$；

μ——排气罩出口的流量系数；

ρ——空气密度；

p_{jI}—— Ⅰ—Ⅰ 断面上的静压，Pa。

2）用动压法测风量

在 Ⅰ—Ⅰ 断面上测定动压时因气流很不稳定，不易取得较精确的测定值。一般选择气流相对稳定的 Ⅱ—Ⅱ 断面进行测定，该断面一般选择在伞形排气罩（局部构件）下游 $5d \sim 7d$ 距离处（d 为风管直径）。由于 Ⅰ—Ⅰ 断面与 Ⅱ—Ⅱ 断面的面积相等，所以

$$p_{\mathrm{dI}} = p_{\mathrm{dII}}$$
$$p_{\mathrm{dII}} = \left| p_{\mathrm{jII}} \right| - \left| p_{\mathrm{qII}} \right| \tag{1 - 7 - 7}$$

式中　p_{qII}—— Ⅱ—Ⅱ 断面上的全压，Pa；

p_{jII}—— Ⅱ—Ⅱ 断面上的静压，Pa；

p_{dII}—— Ⅱ—Ⅱ 断面上的动压，Pa。

通常可用毕托管或笛形流量计测定上述压强值。因此可得下式：

$$\Delta p_\zeta = -(p_{\mathrm{jI}} + p_{\mathrm{dII}}) \tag{1 - 7 - 8}$$

同时依据 P_{dII} 求得平均速度 $\bar{v}_{\mathrm{II}}$，则排风量为

$$Q = F \times \bar{v}_{\mathrm{II}} \tag{1 - 7 - 9}$$

式中　$\bar{v}_{\mathrm{II}}$—— Ⅱ—Ⅱ 断面上三个测点的平均速度，m/s；

F—— Ⅱ—Ⅱ 断面上的管道面积，$\mathrm{m^2}$；

Q——伞形排气罩的排风量，$\mathrm{m^3/s}$。

3)用热电风速仪测风量

用热电风速仪测伞形排气罩罩口断面上的平均风速 $\bar{v}$，再计算伞形排气罩的排风量。

伞形排气罩排风量的计算式为

$$Q = F \times \bar{v} = A \times B \times \bar{v} \qquad (1-7-10)$$

式中　Q——伞形排气罩的排风量，m^3/s；

　　　F——伞形排气罩罩口的面积，$F = A \times B$，m^2；

　　　$\bar{v}$——伞形排气罩罩口的平均速度，m/s。

4)用热电风速仪测伞形罩轴心线速度法计算排风量

用热电风速仪分别测出轴心线上距罩口各点上的速度 v_{x1}、v_{x2}、v_{x3} 等，根据前面无障碍外部吸气罩排气原理，罩口平均速度的计算式为

$$v_0 = v_x \left[1 + a \left(\frac{x}{B} \right)^c \right] \qquad (1-7-11)$$

上式可转化为

$$\frac{v_0}{v_x} - 1 = a \left(\frac{x}{B} \right)^c \qquad (1-7-12)$$

令 $\dfrac{v_0}{v_x} - 1 = y$，则有

$$\lg y = \lg a + c \lg \frac{x}{B} \qquad (1-7-13)$$

式中　Q——伞形排气罩的排风量，m^3/s；

　　　v_0——罩口的平均速度（按控制点 v_x 计算）；

　　　v_x——轴心线上的点速度（距罩口 x 处）；

　　　x——距罩口的控制距离，mm；

　　　a——经验系数；

　　　c——经验指数。

可以看出，该关系反映在双对数坐标系中为一条直线。根据某一伞形排气罩的实验数据可在双对数坐标纸上绘制出该直线，利用该直线及测得的 v_x 即可查出 v_0，从而求得排风量为

$$Q = F v_0 = A \times B \times v_0 \qquad (1-7-14)$$

或

$$Q = F v_0 = \frac{\pi D^2}{4} v_0$$

式中　A、B——矩形罩口尺寸，m；

　　　D——圆形罩口直径，m；

　　　F——排气罩口面积，m^2。

四、实验方法及数据处理

(1)测定伞形排气罩及排气罩的局部阻力系数。

(2)测定伞形排气罩的排风量。

①用静压法测定排气罩的风量,测出 I—I 断面上的静压,计算出平均速度及排风量。实验数据记录及计算见表 1 - 7 - 1。

表 1 - 7 - 1　静压法测定排气罩排风量记录表

测定断面	测定项目	测点编号	微压计读数（Pa）				动压（Pa）	局部阻力系数	流量系数	排风量（m³/h）
			1	2	3	平均值				
I—I 断面	全压	1								
		2								
		3								
	静压	1								
		2								
		3								

②用动压法测定排气罩的流量,即测出 Ⅱ—Ⅱ 断面上各测点的动压 p_d 后计算平均风速,算出风量。实验数据记录及计算见表 1 - 7 - 2。

表 1 - 7 - 2　动压法测定排气罩排风量记录表

测定断面	测定项目	测点编号	微压计读数（Pa）				平均值	排风量（m³/h）
			1	2	3	平均值		
Ⅱ—Ⅱ 断面	动压	1						
		2						
		3						

③用热电风速仪测出伞形排气罩罩口上的平均速度,然后计算排风量。实验数据记录见表 1 - 7 - 3。

表 1 - 7 - 3　测伞形排气罩口平均速度求排风量记录表

项目	速度读值				修正值（m/s）	实际风速 v（m/s）	排风量（m³/h）
	1	2	3	$\bar{v}$			
v_1							
v_2							
v_3							
v_4							
v_5							
v_6							
v_7							

项目	速度读值				修正值(m/s)	实际风速 v(m/s)	排风量(m³/h)
	1	2	3	$\bar{v}$			
v_8							
v_9							
v_{10}							
v_{11}							
v_{12}							
v_{13}							
v_{14}							
v_{15}							
v_{16}							
平均值							

④用热电风速仪测定伞形排气罩罩口前轴心线上的气流速度,然后计算排风量。实验数据记录见表1-7-4。

表1-7-4　排气罩罩口前轴心线上气流速度测定记录表

测定序号	距罩口轴心的距离(mm)	轴线点速度(v_x)(m/s)			平均值(m/s)	修正值(m/s)
		1	2	3		
1	0					
2	50					
3	100					
4	150					
5	200					
6	250					
7	300					
8	350					
9	400					
10	450					
罩口平均速度(m/s)						

通过计算得出表1-7-5的相应内容,并绘制排气罩罩口前轴心线上相对速度变化规律图(图1-7-2)。

表 1 - 7 - 5   排气罩罩口前轴心线上相对速度计算整理表

测点序号	距罩口的距离 (mm)	$\bar{x} = \dfrac{x}{B}$	测点风速 (m/s)	$\bar{v}_x = \dfrac{v_x}{v_0}$
1	0			
2	50			
3	100			
4	150			
5	200			
6	250			
7	300			
8	350			
9	400			
10	450			

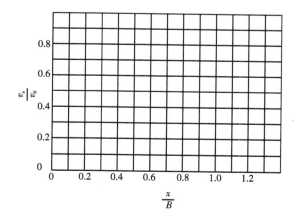

图 1 - 7 - 2   排气罩罩口前轴心线上相对速度变化规律图

　　本实验中伞形排气罩阻力较小，故Ⅰ—Ⅰ断面处的全压不易测得准确，可由该断面上的动压与静压之和求得全压。由于Ⅰ—Ⅰ、Ⅱ—Ⅱ断面上的静压孔与毕托管测量孔很近，故可近似看作同一断面。

五、思考题

（1）用哪一种方法测得的流量比较准确，为什么？

（2）实验中存在哪些问题，应怎样改进？

实验八　旋风除尘器性能实验

一、实验目的

(1)掌握用滤膜采样测定空气中(管道内)含尘浓度的方法。

(2)掌握鉴定旋风除尘器性能的方法,除尘器效率、阻力的测定,并了解除尘器入口气流含尘浓度及风速对除尘器效率的影响。

二、实验装置

旋风除尘器性能实验系统如图1-8-1所示。

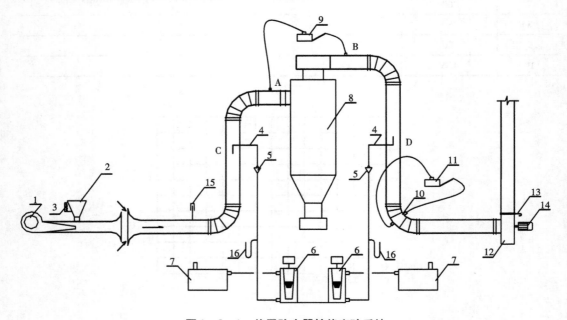

图1-8-1　旋风除尘器性能实验系统

1—吹尘机($U=110$ V,$L=1.8$ m³/min);2—加灰斗;3—电磁振荡器(220 V);4—采样管(弯管式);5—锥形滤膜采样器;6—浮子流量计;7—电动抽气机;8—除尘器;9—微压计(测除尘器的阻力用);10—弯管流量计;11—微压计(测弯管压差,即测系统的风量用);12—实验系统用风机;13—插板阀(调节风量及启动用);14—电机;15—温度计;16—U形管(测流量计前的压力用)

旋风除尘器性能实验使用的仪器有采样管、滤膜采样器、转子流量计、电动抽气机和微压计等。

(一)采样管

采样管是将含尘气流从风道中引入采样器的仪器。最简单的采样管是用细铜管弯成直角的弯管。较复杂的采样管头部带有可更换的采样头。

(二)滤膜采样器

滤膜由高分子化合物超细纤维制成,在低于60 ℃的温度下使用,锥形滤膜采样器适用于灰尘浓度$Y>200$ mg/m³处。

（三）转子流量计

转子流量计由一个竖直放置的上粗下细的锥形玻璃管与置于管内的转子所组成。当气流自下而上通过玻璃管时,使转子上升到上下两面的压力差与转子的重量相等的平衡位置。对于一定结构的转子流量计,转子上升得愈高,所指示出的体积流量愈大。

（四）电动抽气机

电动抽气机的电机为串激式。单孔抽气量为 40 L/min,真空度为 93.324 kPa。电动抽气机必须克服采样系统的阻力,并且满足等速采样所需的抽气量要求。

（五）微压计

本实验采用 DB1000 - ⅢB 型数字式微压计,但倾斜式微压计的原理及使用方法同样需要掌握。参看第二部分:常用仪器设备说明了解和掌握两种微压计的原理和使用方法。

微压计分为两种:数字式微压计与倾斜式微压计。数字式微压计是一种高稳定的压力计,适用于气体、液体的正压、负压和压差的测量,是各环境监测站、实验室、建筑空调通风管道、无尘室测量或标定压力的理想仪器,配上毕托管可测量气体流速。倾斜式微压计基于流体静力学原理,利用读取到的液柱高度差来测量压力。倾斜式微压计也常简称活塞压力计或压力计,又称为压力天平,主要用于计量室、实验室以及生产环节作为压力计量仪器使用。

三、实验原理

（一）气流含尘浓度的测定

测定管道中气流的含尘浓度时,将采样管置于被测管道的测点处,在抽气机作用下,抽取一定量的空气,同时保持采样管头部的采样速度与被测点含尘气流的速度相同,即所谓的等速采样。当含尘气流进入滤膜采样器时,含尘气流中的粉尘被阻留在滤膜上。为了保证测定的精度,要求滤膜采样前后灰尘的增重不少于 6 mg,依此确定适宜的采样时间。这样即可根据总的吸气量以及滤膜采样前后的灰尘增重量计算出空气的含尘浓度(mg/m³)。

空气的含尘浓度为

$$Y = \frac{M_2 - M_1}{V_0} \qquad (1-8-1)$$

式中　M_1——采样前滤膜的质量,mg;

　　　M_2——采样后滤膜的质量,mg;

　　　V_0——标准状态下空气的体积,m³。

标准状态下空气的采样体积由转子流量计测得的空气的体积流量和取样时间,经流量修正并换算得到。

转子流量计测得的空气的实际流量为

$$q = \sqrt{\frac{101.3 \times (273 + T)}{(B+p) \times (273 + 20)}} q_0 \qquad (1-8-2)$$

式中　q——空气的实际流量,m³/h;

　　　T——实验条件下空气的温度,℃;

　　　p——由 U 形管读数(高差)转换而来的压强值,kPa;

B——实验条件下的大气压强,kPa;

$B+p$——转子流量计前的空气压强,kPa;

q_0——转子流量计的读数,m^3/h。

空气的实际采样量为

$$V = q \times t \qquad\qquad (1-8-3)$$

式中 t——空气的采样时间,h。

标准状态下空气的体积为

$$V_0 = \frac{273}{(273+T)} \times \frac{(B+p)}{101.3} V_t \qquad\qquad (1-8-4)$$

式中 V_0——标准状态下空气的体积,m^3;

V_t——当前工况下空气的体积,m^3。

若所测工作地区的含尘浓度小,应将锥形滤膜采样器改为平面滤膜采样器,按照测定管道中含尘浓度的方法进行,即可测出含尘浓度。

(二)除尘器性能的测定

除尘器的性能主要包括风量、阻力和效率三个参数。

1. 风量的测定

本实验通过除尘系统的风量就是通过除尘器的风量(忽略漏风量),如图 1-8-1 所示,实验中采用弯管这一典型局部阻力构件测量风量。当含尘气流通过弯管时,在惯性力作用下,在弯管的内侧及外侧出现两个旋涡区,且外侧压强大于内侧压强。随着系统流量的变化,弯管内、外侧的压力差也发生变化,利用这一原理事先标定出压差与流量的关系,在实验过程中即可利用测得的内、外侧压差确定系统的流量。

2. 阻力的测定

除尘器进、出口的全压差即为除尘器的阻力。当除尘器进、出口直径不变时,其前后的静压差即为除尘器的阻力,如图 1-8-1 中 A、B 两处的静压差:

$$p_\zeta = p_A - p_B \qquad\qquad (1-8-5)$$

式中 p_ζ——除尘器的阻力,Pa;

p_A——除尘器进口处的静压,Pa;

p_B——除尘器出口处的静压,Pa。

3. 效率的测定

测定效率的实验系统如图 1-8-1 所示。将采样管分别布置在 C、D 两处,测出管道中含尘气流的浓度,即可计算出除尘器的效率(忽略漏风):

$$\eta = \frac{Y_1 - Y_2}{Y_1} \times 100\% \qquad\qquad (1-8-6)$$

式中 Y_1——除尘器进口处的平均含尘浓度,mg/m^3;

Y_2——除尘器出口处的平均含尘浓度,mg/m^3。

四、实验方法及数据处理

（一）准备工作

1. 布置采样点

考虑到管道中气流的流动状态以及灰尘在管道中分布的不均匀性，在竖直管道中采样较好，测点应适当远离局部构件（如弯头、三通、阀门），如图 1 - 8 - 1 所示的 C、D 位置，风道断面上的平均浓度可按《工业通风》第三版第 215 页所述确定。本实验为了使同学们增加对系统的熟悉程度，要求同学们亲自连接部分测量仪器，而且缩短采样时间，采用毕托管测量风道中取样断面（C、D）上的平均速度。

2. 确定采样流量

本实验采用无采样头的弯管采样管，为保持等速采样，采样的进、出口速度应等于采样点处管道中的气流速度。

采样流量为

$$q_0 = \frac{\pi}{4} \times \left(\frac{d}{1\,000} \right)^2 \times v \times 60 \times 1\,000 \qquad (1-8-7)$$

$$q_0 = 0.047 d^2 v \qquad (1-8-8)$$

式中　q_0——浮子流量计的读数，L/min；

　　　v——采样点处的气流速度，m/s；

　　　d——所用采样管的直径，mm。

3. 调整管道中的风速

启动风机，调节阀门，使弯管流量计指示的压强差所对应的风量对应于该除尘实验所要求的速度（一般控制在 20 m/s 左右）。

4. 准备滤膜

采样前将膜放在万分之一克天平上称重，记下数据及编号，放入样品袋内备用。

5. 确定喂灰量

根据系统的总风量计算出总的喂灰量，一般维持 $Y_1 = 1 \sim 2$ g/ m³ 的入口浓度即可。

（二）现场采样及数据处理

（1）将实验设备按图 1 - 8 - 1 连接好，取出称好的滤膜，放入锥形滤膜采样器中。

（2）将采样管分别放入除尘器前、后管道的测点 C、D 处采样，采样管口迎着气流布置。

（3）同时开动吹尘机（插上电磁振荡器的插头）及电动抽气机，用秒表记录采样时间。

（4）迅速调节转子流量计，使其指示等速采样所需要的流量；记录流量计入口处气流的压强及温度；用微压计测出除尘器前面及后面的管道上 A、B 断面的静压强。

（5）采样进行 2 min 后，同时关闭电动抽气机、吹尘机、电磁振荡器。取出滤尘后的膜称重，并记录编号。

实验数据与计算见表 1 - 8 - 1。

五、思考题

（1）为什么要等速采样？采样管内的流速小于或者大于管道内测点的流速，对所测得气流的含尘浓度有何影响？

（2）初含尘浓度的大小对除尘器的效率有何影响？

（3）选择测点时应考虑哪些因素？

表 1－8－1　旋风除尘器性能实验数据与计算表

测定次数编号		采样前重	采样后重	灰尘质量	流量计读数	取样时间	取样总流量	取样计前温度	流量计前压强	标准状况取样量	含尘浓度	除尘器效率	除尘器前后 A、B 两处的静压差
		M_1	M_2	$M_2 - M_1$	q_0	t	q	T	p	V_0	$Y = \dfrac{M_1 - M_2}{V_0}$	$\eta = \dfrac{Y_1 - Y_2}{Y_1}$ $\times 100\%$	$p_\zeta = p_A + p_B$
		mg	mg	mg	m³/h	h	m³	℃	kPa	m³			
除尘器前	1											第一次	第一次
	2												
	3											第二次	第二次
除尘器后	1												
	2											第三次	第三次
	3												

实验九　风管风压、风速和风量测定实验

一、实验目的

掌握风管断面上平均风速、风量和风压的测定方法和计算方法，掌握不同风速和风量测量仪器的使用方法。

二、实验原理

空气在风管中流动时，流动状态有层流、紊流和过渡状态。在层流状态下，风管断面上空气的速度分布图为抛物线形，管道轴心处的速度最大。在紊流状态下，速度分布图是截抛物线形。无论是层流、紊流还是过渡状态流动，在管壁处总有一层呈层流状态运动。建筑环境与设备工程专业的风管内气体流动状态通常为紊流状态。通过仪器测量，可以得出风管内的风压和风速；测量风管内的气流速度分布，通过必要的计算，可以得出风管内气体的流量；在已知流量系数的条件下，通过测量孔板流量计或喷口流量计前后的压差，可以计算得出管道内气体的流量。

（一）风管内风压和风速的测定

在实际工程中，需测量管道断面上某点气流的动压值、静压值和全压值。测量时将测压管置于气流中，测压管垂直于气流流向的面所承受的压力传至微压计，即测量出该点气流的全压 p_q；与气流流向平行的面所承受的压力传至微压计，即测量出该点气流的静压 p_j；全压与静压之差为动压 p_d。

动压与流速的关系为

$$p_d = \frac{\rho v_x^2}{2} \tag{1-9-1}$$

式中　p_d——风管内某点气流的动压，Pa；

ρ——风管内某点气流的密度，kg/m^3；

v_x——风管内某点气流的速度，m/s。

因此，测量出某点气流的全压和静压，则可知动压，经过计算即可求出该点气流的速度 v_x，即

$$v_x = \sqrt{\frac{2p_d}{\rho}} = \sqrt{\frac{2(p_q - p_j)}{\rho}} \tag{1-9-2}$$

（二）风管内平均风速的测定

在实际工程中，经常需要的不是任意点的速度，而是风管断面上的平均速度。理论上，风管内气流的平均速度由下式计算：

$$\bar{v} = \frac{1}{F} \int v_x \, dF = \frac{Q}{F} \tag{1-9-3}$$

式中　$\bar{v}$——风管断面上的平均速度，m/s；

Q——单位时间内通过管道断面气体的流量，m^3/s；

v_x——dF 断面上的流速，m/s；

　　$\mathrm{d}F$——管道横截面上划分的微小断面的面积，m^2。

　　公式中的积分值是将风管断面分成无数小断面测量和计算的理想值。在实际操作中，将风管断面分成数个小断面（ΔF），测出每一个小断面中心的速度（用该点的速度代表小断面上的平均速度），这样，风管断面上的平均速度为

$$\bar{v} = \frac{v_1 \Delta F_1 + v_2 \Delta F_2 + \cdots + v_n \Delta F_n}{F} \qquad (1-9-4)$$

其中，$F = \sum \Delta F = \Delta F_1 + \Delta F_2 + \cdots + \Delta F_n$，即风管总的横截面积。

　　如果将风管分成几个面积（ΔF）相等的小断面，$F = n \cdot \Delta F$，则风管断面上的平均速度为

$$\bar{v} = \frac{v_1 + v_2 + \cdots + v_n}{n} \qquad (1-9-5)$$

　　测得每一个小断面中心的动压 p_d 后，根据式（1-9-2）即可求出 $v_1, v_2, \cdots, v_n$ 的值（代表小断面上的平均速度）。

　　1. 圆形风管断面上平均速度的测定

　　风管断面为圆形时，可将断面分成很多面积相等的同心圆环，圆环的数目按风管直径选取，见表 1-9-1。

表 1-9-1　　圆形风管断面同心圆环数目的确定

风管直径 D(mm)	$D < 300$	$300 \leqslant D < 500$	$500 \leqslant D < 800$	$800 \leqslant D < 1\,100$	$1\,100 \leqslant D$
划分环数 n	2	3	4	5	6

　　取各圆环中心距 R_i，则同心圆环上各测点到中心圆的距离为

$$R_i = R_0 \sqrt{\frac{2i-1}{2n}} \qquad (1-9-6)$$

式中　　R_0——风管半径，mm；

　　　　R_i——风管中心到第 i 环中心的距离，mm；

　　　　i ——从风管中心算起的同心圆环的数目，中心圆编号 $i = 0$；

　　　　n——风管断面划分同心圆环的数目。

　　例如，风管直径为 500 mm 时，可以分成 4 个等面积的同心圆环，如图 1-9-1 所示。各测点距中心圆的距离分别为：$R_1 = 88.0$ mm，$R_2 = 153.0$ mm，$R_3 = 197.0$ mm，$R_4 = 233.8$ mm。

　　空气流动速度在各环中心测量，通常每环测量 4 个点，应在互相垂直的直径上。测得各点的 p_d 后，即可按式（1-9-2）求出各点的速度，风管断面上的平均速度可用式（1-9-4）求出。

　　2. 矩形风管断面上平均速度的测定

　　将矩形断面划分成若干个面积相等的小断面，并且尽可能地使它们接近正方形，如图 1-9-2 所示，每一个小断面面积不应超过 0.05 m^2。测得各断面中心的动压后，即可用式（1-9-2）求出各点的速度，风管断面上的平均速度可按式（1-9-5）算出。

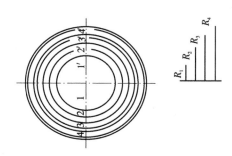

图1-9-1　圆形风管断面划分示意

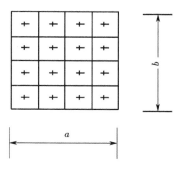

图1-9-2　矩形风管断面划分示意

（三）风管内风量的计算

$$Q = \bar{v}_c \cdot F \qquad (1-9-7)$$

式中　$\bar{v}_c$——风管断面上的平均速度，m/s；

　　　F——风管断面的面积，m^2；

　　　Q——风管的风量，m^3/s。

（四）利用喷口流量计和孔板流量计测量风量

喷口流量计和孔板流量计分别如图1-9-3和图1-9-4所示。喷口流量计和孔板流量计的工作原理：气流流经喷口流量计或孔板流量计（节流元件）时，在流量计进、出口两端产生一定的压差，即阻力。同一个流量计两端的压差与流量有一一对应的关系。由于空气流经节流元件静压变化不大，将其视为不可压缩气体。根据流体力学的原理，流量的二次方与节流元件两端的压差成正比。定义一个流量计系数 C，有

$$Q = C \cdot \sqrt{\Delta p} \qquad (1-9-8)$$

式中　Q——被测系统的流量，m^3/s；

　　　Δp——流量计两端的压差，Pa。

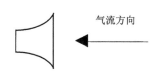

图1-9-3　喷口流量计

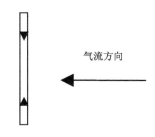

图1-9-4　孔板流量计

三、实验装置

风管风压、风速和风量测定实验的装置由通风机、圆形风管和矩形风管组成，如图1-9-5所示。

风管风压、风速和风量的测定使用基本型动压测量管和微压计。基本型动压测量管又称毕托管，它由一个前端为流线型的半圆柱头套管 a 和 b 组成，管头上有一个小孔 k 与管 a

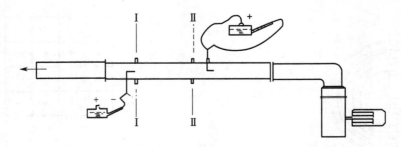

图 1-9-5　风管风压、风速和风量测定实验的装置

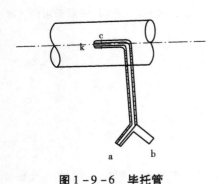

图 1-9-6　毕托管

相连通。在外套管 b 上距离管头 3d 处有数个小孔 c 与管 b 相连通。a、b 两管分别与微压计的多向阀相连。将毕托管插入风道,测量管与气流方向平行,测孔 k 迎着气流的方向,如图 1-9-6 所示,通 k 孔的管接头 a 反映出气流的全压,通 c 孔的管接头 b 反映出静压,通过微压计量出两者之差即是动压 p_d。

本实验采用 DB1000-ⅢB 型数字式微压计,但倾斜式微压计的原理及使用方法同样需要掌握。参看附录了解和掌握两种微压计的原理和使用方法。

微压计分为两种:数字式微压计与倾斜式微压计。数字式微压计是一种高稳定的压力计,适用于气体、液体的正压、负压和压差的测量,是各环境监测站、实验室、医药卫生、建筑空调供暖、通风、无尘室测量或标定压力的理想仪器,配上毕托管可测量气体流速。倾斜式微压计基于流体静力学原理,利用读取到的液柱高度差来测量压力。倾斜式微压计常简称活塞压力计或压力计,也称之为压力天平,主要用于计量室、实验室以及生产环节作为压力计量仪器使用。

组合式喷口流量计是将数个喷口安装在一个箱体内,根据风量开启一个或几个喷口(旋转带螺口的喷口盖板开启或关闭喷口),如图 1-9-7 所示。

孔板流量计直接安装在风管上,根据风管的形状,孔板流量计的外形有方形和圆形,但孔洞部分均为圆形,如图 1-9-8 所示。

四、实验方法及数据处理

(1)熟悉实验设备。检查测压管插入风管内部的几个断面中心点的位置。记下仪器编号及其特性。

(2)用橡皮管把毕托管和微压计连接起来。

(3)把通风机的阀门调整到一定的开度,使通风装置在某确定工况下工作,按拟定的测点测量圆形和方形通风管道的动压 p_d。将结果记入表 1-9-2 和表 1-9-3 实验数据记录及计算表中。

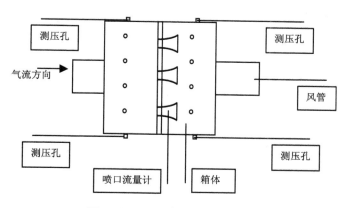

图 1 - 9 - 7　组合式喷口流量计

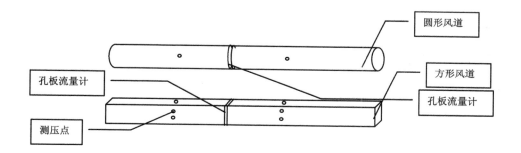

图 1 - 9 - 8　孔板流量计实验装置

表 1 - 9 - 2　圆形风管实验数据记录及计算表

测点编号及位置		微压计			动压 p_d(Pa)	气流的点速度 v_x(m/s)	平均速度 $\bar{v}$(m/s)
		读数1	读数2	读数3			
竖直方向	4						
	3						
	2						
	1						
	1′						
	2′						
	3′						
	4′						

测点编号		微压计			动压	气流的点速度	平均速度
及位置		读数 1	读数 2	读数 3	p_d(Pa)	v_x(m/s)	$\bar{v}$(m/s)
水平方向	4						
	3						
	2						
	1						
	1′						
	2′						
	3′						
	4′						

表 1 – 9 – 3　方形风管实验数据记录及计算表

测点编号		微压计			动压	气流的点速度	平均速度
及位置		读数 1	读数 2	读数 3	p_d(Pa)	v_x(m/s)	$\bar{v}$(m/s)
竖直面测点	4						
	3						
	2						
	1						
	1′						
	2′						
	3′						
	4′						
水平面测点	4						
	3						
	2						
	1						
	1′						
	2′						
	3′						
	4′						

（4）在同一工况下测定三次，并计算误差。分别计算第一次测定的断面平均风速$\bar{v}_1$、第二次测定的断面平均风速$\bar{v}_2$和第三次测定的断面平均风速$\bar{v}_3$，再计算这一工况下三次测定的平均值

$$\bar{v} = \frac{\bar{v}_1 + \bar{v}_2 + \bar{v}_3}{3}$$

(1 – 9 – 9)

最后计算各次测定的绝对误差 $\Delta\bar{v} = \bar{v} - \bar{v}_x$ 和相对误差（$\Delta\bar{v}/\bar{v} \times 100\%$）。

（5）取上述工况下的流量，测量喷口流量计和孔板流量计两端空气的静压差，按照式（1-9-10）和表1-9-4分别计算喷口流量计和孔板流量计的流量计系数。

$$C = \frac{\sqrt{\Delta p}}{Q} \quad\quad\quad (1-9-10)$$

表1-9-4　流量计系数实验数据记录及计算表

测量编号	流量（m³/s）	微压计的读数			静压差 Δp（Pa）	平均静压差 Δp（Pa）	流量计系数 C
		读数1	读数2	读数3			
1							
2							
3							
4							

（6）根据上述的流量计系数 C，通过实验系统的阀门改变系统的流量，分别测量和计算流量计的流量，并记录在表1-9-5中。

表1-9-5　流量计实验数据记录及计算表

工况编号	流量的系数	微压计的读数			静压差 Δp（Pa）	流量计的流量（m³/s）
		读数1	读数2	读数3		
1						
2						
3						
4						

在实际风道风量风速的测量过程中，一般要求测量点在风道的平直段上，在测量点前的5d距离和测量点后的3d距离内不应该有任何局部阻力。如果测量现场无法保证这一要求，可以适当增加测量点的数目。出现这一情况后，由于局部阻力的存在导致测量段产生涡流，有可能使测量点的动压测量值为负数。对这种情况的处理方法是将动压测量值为负数的测量风速视为零（即动压为零）。

采用毕托管和微压计测量空气流速（流量）是最基本的方法，也是准确的方法。但由于使用和携带不方便，在实际工程中使用较少。目前，实际工程使用更多的是数字式微压计。数字式微压计可以直接显示空气的压力，配合使用毕托管，可以直接测量出风速，并有一定的数据储存功能。但在工程风速范围内，再高级的数字式风速测量仪器也是用毕托管和微压计进行标定的。

五、思考题

（1）怎样将测压管与毕托管连接起来，才能测出全压、静压，在正压区及负压区测量，连接方法各有什么不同？

(2)参看附录倾斜式微压计部分的内容,试说明微压计的工作液体为酒精($\rho=0.81$ kg/cm³)时,其所测风速范围是多大?

(3)用 U 形管测量气流的压差与用微压计测量的结果,哪个准确? 为什么?

(4)用微压计测量气流的压差的精度和哪些因素有关?

(5)为什么流量计的流量的二次方与流量计两端的压差成线性正比关系?

(6)在风管风量、风速的测量中,对测量管段有什么要求?

(7)通过实验分析孔板流量计和喷口流量计的区别。

实验十　管网水压图实验

一、实验目的

观察在由热水供热的热网运行中，随着各种工况的变化（阻力的变化），管路各点以及用户的压力的变化情况。观察工况变化时，水压图的变化情况。

二、实验装置

热水管网水压图实验装置如图 1－10－1 所示。

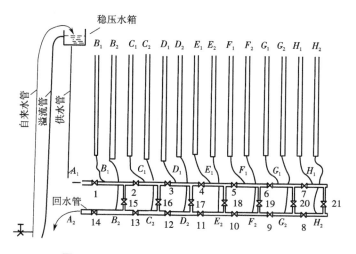

图 1－10－1　热水管网水压图实验装置示意

图 1－10－1 的下部代表管网，由 26 只玻璃三通和橡胶连接而成，水平放置。各管段的阻力由螺旋管夹调节，水由稳压水箱送入管网，沿供水管 $A_1 \sim H_1$ 及回水管 $H_2 \sim A_2$ 流入下水道，稳压水箱由橡胶自来水管供水，通过溢流保证水位的稳定。在供水管之间有 7 个用户，编号为 15～21，上部设置了一排 14 根测量各点压强的玻璃管，顶部与大气相通。各管长约1.5 m，每对玻璃管之间装有一根木尺，以便读出压强，排管被钉在一块木板上，竖直悬挂。玻璃管分别与各测点三通的出口连接，例如用户 21 的进口压强由 H_1 代表，热水管网起点 A_1 的压强由稳压水箱提供，为 1.5×10^4 Pa（根据稳压水箱的高度确定），终点 A_2 的压强固定为零（接大气）。

三、实验方法

打开自来水管阀门，引自来水入水箱，并使水流入系统。排出系统中的空气，保持水箱内水位稳定。

（一）正常运行时的水压图

调节各管段的阻力，使各测压点之间有一定的压差，并使水压图接近如图 1－10－2 所示的正常水压图。待情况稳定后，记录各点的压强（表 1－10－1），并按照实际测量数据绘制水压图。

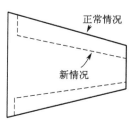

图 1－10－2　正常工况与关小阀 3 的工况

表 1 – 10 – 1　玻璃管水柱的读数

工况	水压	A_1 A_2	B_1 B_2	C_1 C_2	D_1 D_2	E_1 E_2	F_1 F_2	G_1 G_2	H_1 H_2
甲	正常工况								
	关小阀 3								
乙	正常工况								
	关小阀 17								
丙	正常工况								
	关小阀 1 及阀 14								

（二）调节给水干管上的阀 3 时的水压图

将阀 3 关小一定程度，这时热水管网流速降低，系统的比摩阻变小，供水管水压线和回水管水压线都比正常情况时平坦，但阀 3 处压强突然降低。阀 3 以前的用户由于用户资用压头增大，流量有所增大。阀 3 以后的用户流量变小，减小的比例相同，即所谓的等比失调（图 1 – 10 – 2）。记录各点的压强，绘制正常情况与新情况下的水压图，进行对比，并计算各用户水量的变化程度。

（三）关闭用户阀 17 时的水压图

把阀 3 恢复原状，各点的压强一般不会完全恢复到原来的读数。关闭用户阀 17，记录新水压图的各点压强（表 1 – 10 – 2），并按照实际测量数据绘制水压图（图 1 – 10 – 3）。

（四）关小热水管网起点阀 1 和终点阀 14 时的水压图

使阀 17 恢复原状，关小阀 1 和阀 14，尽可能使两者开度相同，如图 1 – 10 – 4 所示，记录新水压图的各点压强（表 1 – 10 – 2），并按照实际测量数据绘制水压图。

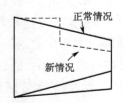

图 1 – 10 – 3　正常工况与关
小阀 17 的工况

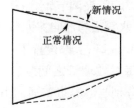

图 1 – 10 – 4　正常工况与关
小阀 1 和阀 14 的工况

表 1 – 10 – 2　各点供、回水管道的压差

工况	压差	Δp_B	Δp_C	Δp_D	Δp_E	Δp_F	Δp_G	Δp_H
甲	正常工况							
	关小阀 3							
	水量变化程度 φ_3							

续表

工况	压差	Δp_B	Δp_C	Δp_D	Δp_E	Δp_F	Δp_G	Δp_H
乙	正常工况							
	关小阀17							
	水量变化程度φ_{17}							
丙	正常工况							
	关小阀1及阀14							
	水量变化程度φ							

四、实验注意事项

（1）在实验前和实验过程中应确保系统中没有空气。在向系统充水后，空气泡将从各测压管及回水管排出，为了证实空气已被彻底排出，可将回水管出口橡胶堵塞，此时各玻璃测压管的水位应该相同。如果水位不同，则系统内可能有空气，应该进一步排气。排气时注意避免水从玻璃管上端溢出而沾湿实验装置。

（2）在实验过程中，空气一般不会渗入系统中，但当水箱水位过低且流量较大时，可能会使空气进入系统。因此，在实验过程中应该密切注意水箱水位的变化，保证水位无波动，空气不进入系统。

（3）系统的阻力改变后，流量将发生变化，必要时可以调节自来水进口阀门，使溢流管常有少量的水溢出，以此来保证系统进、出口压强稳定。

（4）为了避免水流"短路"，须将各用户阀关得很小，否则末端几个测压点几乎没有明显的压差；有意地将阀17开大，以便在工况乙时能使新水压图与正常水压图有明显的差别。

五、思考题

（1）实验系统显示，该系统是异程式系统，经过该实验，可以对异程式系统的水压图形状有所掌握。如果系统为同程式系统，水压图应该是什么形状的？

（2）在实验前和实验过程中，为什么要确保系统中没有空气存在？

（3）作为水系统，应该有定压装置。本实验系统用什么方法来定压？该定压方法与常规的定压方法有何不同？

实验十一　空气与水的热湿交换实验

一、实验目的

（1）掌握空气通过全热板翅式热回收交换器、表冷器、喷水室及填料式热湿交换装置时状态的变化。

（2）熟悉和掌握有关测试仪器的精度选择及安装使用方法。

（3）加深对空气和水直接接触时的传热传质过程的理解。

二、实验原理

空气与水的热湿交换实验装置如图 1－11－1 所示。

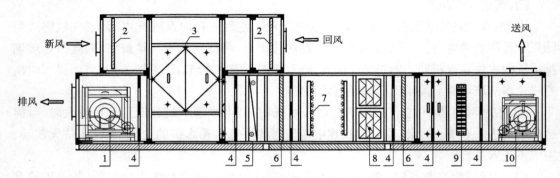

图 1－11－1　空气与水的热湿交换实验装置示意

1—排风机；2—过滤器；3—全热板翅式热回收交换器；4—采样管；5—表冷器；6—挡水板；
7—喷嘴；8—填料式热湿交换装置；9—电加热器；10—送风机

在空气与水的热湿交换实验装置中，空气是这样流动的：新风与排风先经过初效过滤器，再交叉通过全热板翅式热回收交换器，然后新风与部分回风混合进入表冷器，接着依次通过挡水板、喷水室、填料式热湿交换装置、挡水板和电加热器，最后由送风机送出去。由于实验的需要，在功能段之间装设了采样管，采样管如图 1－11－2 所示，其上均装有干球和湿球温度计，以确定各点的空气状态参数。

在送风管道和回风管道上均装有被校正过的孔板风量测量装置，由数据采集系统直接测量送、排风量。

冷冻水的原理图如图 1－11－3 所示，其中喷水室依靠喷淋水泵供水，喷水室供水管路上装有热量表，系统供、回水管道上还装有温度计，水流量和各点温度均可以通过计算机采集数据。表冷器依靠能源站的冷冻水泵供水，表冷器前的供水管路上装有热量表，系统供、回水管道上还装有温度计，水流量和各点温度均可以通过计算机采集数据。

表冷器属于表面式热湿交换设备，其特点是与空气进行热湿交换的介质不与空气直接接触。其采用机械胀管工艺，汇管的材质是铜，翅片的材质是普通铝箔，端护板的材质是镀锌钢。铝翅片采用二次翻边百叶窗形，以保证进行空气热交换的扰动性，使其处于紊流状态，较大地提高了换热效率。表冷器的工作原理是通过里面流动的空调冷冻水（冷媒水）把

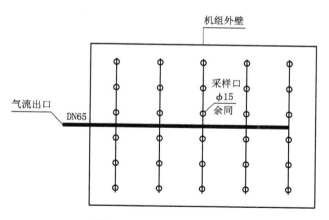

图 1 - 11 - 2 采样管示意

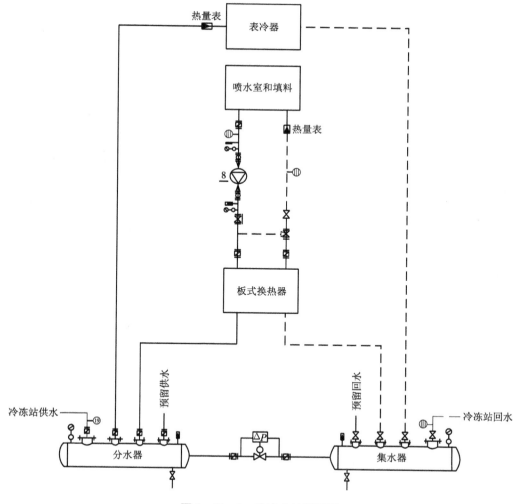

图 1 - 11 - 3 冷冻水的原理图

流经管外换热翅片的空气冷却,风机将降温后的冷空气送到使用场所供冷,冷媒水从表冷器的回水管道将所吸收的热量带回制冷机组,放出热量降温后再被送回表冷器吸热,冷却流经的空气,不断循环。表冷器性能的检测按国家标准《空气冷却器与空气加热器性能试验方法》(JG/T 21—1999)执行,其性能测试主要是测试冷却能力,测定方法是待空调系统工况稳定后,通过表冷器前、后的采样装置测出空气的干湿球温度,用气压计测量大气压强,通过表冷器前供水管上的热量表测出表冷器后回水管上的温度和水量,冷却能力的计算如下。

空气通过表冷器放出的热量

$$Q_1 = G(h_1 - h_2)$$

式中　　G——经过表冷器的风量,kg/s;

h_1——表冷器前空气的焓,kJ/kg;

h_2——表冷器后空气的焓,kJ/kg。

冷媒水经过表冷器吸收的热量

$$Q_2 = CW(t_{w2} - t_{w1})$$

式中　　W——经过表冷器的水量,kg/s;

C——水的定压比热,常压下 $C = 4.19$ kJ/(kg·℃);

t_{w2}、t_{w1}——表冷器的进水、出水温度,℃。

根据热平衡可知

$$Q_1 = Q_2$$

热回收用空气热交换器是通过新风与排风间的热交换而实现能量回收的装置,新风与排风交叉通过空气热交换器而实现排风热回收,其性能的检测按国家标准《空气－空气能量回收装置》(GB/T 21087—2007)执行。本实验台采用了全热板翅式热回收交换器,由非金属多孔纤维性材料(纸)制成,在该热回收交换器前后均装有采样装置,可测出热回收交换器前后的干湿球温度。通过该参数可计算热回收交换器的效率,效率计算如下。

设新风入口的参数为(h_1, t_1)、新风出口的参数为(h_2, t_2)、回风的参数为(h_3, t_3)及排风的参数为(h_4, t_4),则

$$\eta_T = \frac{h_3 - h_4}{h_3 - h_1} = \frac{h_1 - h_2}{h_1 - h_3}$$

$$\eta_S = \frac{t_3 - t_4}{t_3 - t_1} = \frac{t_1 - t_2}{t_1 - t_3}$$

式中　　η_T——空气热交换器的全热效率,%;

η_S——空气热交换器的显热效率,%;

h_1、t_1——新风入口的焓值(kJ/kg)和干球温度(℃);

h_2、t_2——新风出口的焓值(kJ/kg)和干球温度(℃);

h_3、t_3——回风的焓值(kJ/kg)和干球温度(℃);

h_4、t_4——排风的焓值(kJ/kg)和干球温度(℃)。

根据规范《公共建筑节能设计标准》(GB 50189—2015)的要求,排风热回收装置(全热和显热)的额定热回收效率不应低于60%。

　　喷水室是一种多功能的空气调节设备,可对空气进行加热、冷却、加湿及减湿等多种处理,喷水室由喷嘴、喷水管路、挡水板、集水池和外壳等组成,本实验台的喷嘴采用塑料材质,口径为 2.5 mm。其特点是与空气与水直接接触,换热效率高。其工作原理是冷冻水经水泵加压后进入喷嘴,被喷嘴喷出后与流过的空气充分接触后落入集水池,然后集水池内的冷冻水进入冷冻机(或加热器)经处理后进入水泵,如此往复循环。在喷水室的热工计算中用热交换效率系数 E 和接触系数 E' 来评价其热工性能,计算如下:

$$E = 1 - (t_{s2} - t_{w2})/(t_{s1} - t_{w1}) \qquad\qquad (1-11-1)$$

$$E' = 1 - (t_2 - t_{s2})/(t_1 - t_{s1}) \qquad\qquad (1-11-2)$$

式中　　t_1、t_{s1}——空气初态的干、湿球温度,℃;

　　　　　t_2、t_{s2}——空气终态的干、湿球温度,℃;

　　　　　t_{w1}、t_{w2}——水的初温、终温,℃。

　　根据热平衡可知,喷水室中空气放出(或吸收)的热量应等于水吸收(或放出)的热量,即

$$G(h_1 - h_2) = CW(t_{w2} - t_{w1})$$

式中　　h_1、h_2——空气初态、终态的焓,kJ/kg;

　　　　　G——空气的流量,kg/h;

　　　　　t_{w1}、t_{w2}——水的初温、终温,℃;

　　　　　W——水的流量,kg/s;

　　　　　C——水的比热容,常压下 $C = 4.19$ kJ/(kg·℃)。

　　填料是冷却塔最重要的部分,它的效率取决于冷却水与空气在填料中充分接触的程度。本实验台填料的材质是金属,采用金属压延孔板波纹填料,其板片表面不是冲压孔,而是刺孔,用辊轧方式在板片上辊出很密的孔径为 0.4 ~ 0.5 mm 的小刺孔。在实验中,冷水进入填料上部的管道后由管道上布置的小孔喷出,经均流板流向填料的上部,水沿填料表面缓慢流下时与空气流充分接触,并进行充分的热湿交换。通过填料上下游的采样管可采集到填料上下游的温湿度参数。

三、实验方法及数据处理

　　(1)在教师的指导下对空调、制冷设备、水系统和电源部分进行检查,对计算机数据采集系统及其各个测量仪表和传感器进行详细的检查和记录,如温度计的精度、湿球温度计的纱布包裹及浸水情况、安装状况是否正常,风量及水量测量设备的仪表配置是否完整和可靠,计算机工作是否正常。

　　(2)量出喷水室的断面尺寸,喷嘴的个数、型号及布置方式。

　　(3)记下所用的各种测量仪器的名称、型号、精度及安装方法。

　　(4)按照分工对整个系统运行后的各测点进行观测,看整个系统运行是否稳定。一般空气的干球温度 T_g 波动值小于 ±1 ℃,进风的湿球温度 T_s 波动值小于 ±5 ℃。进、回水温度波动小于 ±0.5 ℃,连续保持半小时以上即可算作工况稳定,这时将各测点的数据每 5 min 读一次,连续读三次,并将数据详细记录在表 1-11-1、表 1-11-2 和表 1-11-3 中。

　　①记录系统新风、排风、回风和送风的温度和湿度。

②记录采样管采集的各功能段前后的温度和湿度;利用喷水室前后装的仪表测得进入、流出喷水室的空气的温度及湿度。

③记录喷水室供、回水管道上的流量、温度和压力。

④记录表冷器供、回水管道上的流量、温度和压力。

表1-11-1 热湿交换实验数据记录表

记录	风路系统测量					水路系统测量			
	喷水室前		喷水室后		风量	水压	供水温度	回水温度	喷水量
	T_{1g} (℃)	T_{1s} (℃)	T_{2g} (℃)	T_{2s} (℃)	Q_1 (m³/h)	p (kPa)	T_1 (℃)	T_2 (℃)	M_1 (kg/h)
1									
2									
3									
平均值									

表1-11-2 空气热交换器实验数据记录表

记录	新风			排风			回风			送风		
	T_{xg} (℃)	T_{xs} (℃)	Q_x (m³/h)	T_{pg} (℃)	T_{ps} (℃)	Q_p (m³/h)	T_{hg} (℃)	T_{hs} (℃)	Q_h (m³/h)	T_{sg} (℃)	T_{ss} (℃)	Q_s (m³/h)
1												
2												
3												
平均值												

表1-11-3 表冷器实验数据记录表

记录	送风			供水		
	T_g (℃)	T_s (℃)	Q_2 (m³/h)	T_3 (℃)	T_4 (℃)	M_2 (kg/h)
1						
2						
3						
平均值						

(5)根据数据记录在 $i—d$ 图上标出空气处理机组的空气状态点,并画出空气处理过程线。

（6）根据喷水量和空气流量算出喷水室的喷水系数 μ（kg 水/kg 空气），计算出每 kg 干空气经过喷水室后热容量和含湿量的变化，进而求出变化的角系数 ε，判明是什么样的处理过程。

（7）将详细的记录按记录表整理好附于实验报告中。

四、思考题

（1）在本实验中，全热板翅式热回收交换器的热回收率是多少？

（2）本实验中用到的空气与水的热湿交换实验装置哪些功能段可以实现加湿功能，哪些功能段可以实现减湿功能？

（3）影响湿球温度的因素有哪些？如何才能保证测量湿球温度的准确性？

实验十二 热水散热器性能实验

一、实验目的

（1）掌握用热水作热媒时散热器传热系数的测试原理和方法。

（2）用实验方法求出以热水为热媒时散热器的传热系数 K，并找出它与传热温差 ΔT 之间的关系 $K—\Delta T$。

二、实验原理

测量热水散热器的热工性能是在根据 ISO 标准制造的实验台上，按统一的测试条件对散热器进行性能测试。

（一）散热器的散热量测试

该实验台采用水冷却方式，散热器的热媒为大气压下低于沸点的低温水，在稳定条件下，散热器的散热量通过测量散热器的进、出水温和水量计算得出，即

$$Q = M_s C_s \rho_s (T_1 - T_2) \tag{1-12-1}$$

式中　Q——散热器的散热量，W；

　　　ρ_s——水的密度，1 000 kg/m^3；

　　　C_s——水的比热，取常量 4 187 $J/(kg \cdot ℃)$；

　　　M_s——散热器的水流量，m^3/s；

　　　T_1——散热器的进口温度，℃；

　　　T_2——散热器的出口温度，℃。

ISO 标准要求，热媒为低温热水时，至少要进行三个工况的测试，散热器进、出口热水的平均温度分别取（80±3）℃、（65±5）℃、（50±5）℃。每次测试在相同的流量下进行，每一个工况下的测试时间不少于 1 h，每次测试的间隔时间不大于 10 min。

（二）散热器热工性能的评定指标

在规定条件下测得散热器的散热量后，必须将结果整理成下式的表达形式，即

$$Q = A\Delta T^B = A (T_{pj} - T_n)^B \tag{1-12-2}$$

式中　Q——散热器的散热量，W；

　　　T_{pj}——散热器进、出口热水的平均温度，℃；

　　　T_n——测试室基准点空气温度，℃。

T_{pj} 取算术平均值：

$$T_{pj} = \frac{T_1 + T_2}{2}$$

当散热器进、出口热水的平均温度与基准点空气温度之差 $\Delta T = 64.5$ ℃（即所谓的标准工况，对应进水温度 95 ℃、回水温度 70 ℃、室温 18 ℃）时，由式（1-12-2）计算得出的散热量即为标准散热量，用该标准散热量作为散热器的热工性能指标来评价、对比散热器热工性能的优劣。

三、实验装置

热水散热器性能实验装置如图 1 – 12 – 1 所示。

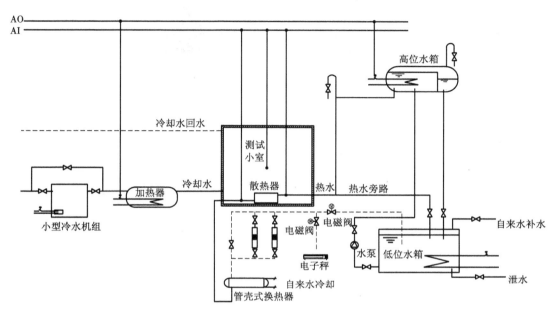

图 1 – 12 – 1   热水散热器性能实验装置示意

在图 1 – 12 – 1 中,热水由电加热器供给,电功率为 14 kW。为使系统的流量稳定,设置了高位水箱,利用水泵和循环管使两水箱内的水温保持恒定。

从高位水箱中流出来的水进入被测散热器中,然后通过转子流量计返回。系统的水温由自控装置控制。

被测散热器放于恒温小室中,恒温小室的围护结构采用水冷却方式控制室温。

在测试过程中所有的温度测点均使用铂电阻传感器,热水散热器性能实验的温度测量系统由铂电阻测量传感器、温度变送器、A/D 转换器和微型计算机组成。ISO 标准要求温度测量的精度为 ±0.1 ℃,因此该实验台采用铂电阻作为温度测量传感器,最小分辨率约为校正范围的 1/4 096。在本实验台的测温系统中,测量散热器进口温度的铂电阻最大量程小于 80 ℃,其他铂电阻最大量程小于 50 ℃,因此该系统中铂电阻传感器的分辨率小于 0.049 ℃,铂电阻的温度信号由计算机采集并转换为温度值来显示并记录,测量精度达到 ±0.08 ℃,满足并超过了 ISO 标准中 ±0.1 ℃ 的要求。

热水散热器性能实验的热水流量测量系统采用高精度的电子秤作为测量的手段,即用电子秤测出一段时间内流经散热器的水流量。采用这样的测量方法所产生的由于测量时间的误差、电磁阀切换过程中的误差、电子秤本身所具有的误差均较小。流量测量精度达到 ±0.017%,满足并超过了 ISO 标准中 ±0.5% 的要求。

对计算出的热量精度要求为 ±0.5%,另外,国际标准还对实验台的其他测试项目作了精度要求。散热器进、出口温度的测量精度为 ±0.2 ℃,该实验装置的各项精度均满足要求。

四、实验方法及数据处理

（1）将被测散热器的主要技术参数填入表 1 – 12 – 1 中。

（2）打开水冷式空调系统的冷却水阀门，启动制冷系统，使测试温度达到所需温度。

（3）接通电加热器和水泵，使系统中水的温度达到要求的稳定温度。

（4）利用流量计下的阀门调节流量到测试流量。

表 1 – 12 – 1　散热器的主要技术参数

1	散热器的型号		
2	每片散热器的传热面积	f	m^2
3	每片散热器的质量	m_r	kg
4	每片散热器的水容量	m_s	kg
5	散热器的片数	n	
6	散热器的总散热面积	F_r	m^2
7	散热器的总质量	M_r	kg
8	散热器的总水容量	M_s	kg
9	散热器的外形尺寸及安装位置	图 1 – 12 – 2	
10	散热器的表面涂料及色彩		
11	散热器的连接方式		

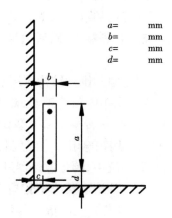

$$a= \quad mm$$
$$b= \quad mm$$
$$c= \quad mm$$
$$d= \quad mm$$

图 1 – 12 – 2　散热器安装位置简图

（5）当散热器的热媒进、出口温度不变，室温不变，流量达到规定时，即可开始测量。

ISO 标准规定，稳定状态下的测量数据有效，而根据稳定条件的要求，人工来完成判稳、检测工作量很大，并且人工来完成最后的数据处理也比较麻烦，因此本实验采用微型计算机测量系统进行自动巡回检测，编制了相应的检测、判稳及数据处理软件，实现了热水散热器性能的自动测定。

①在测试开始前，将测试日期、大气压强、测试工况参数及被测散热器的规格等参数输入微型计算机中。

②进行散热器进、出口水温，基准点空气温度的初步稳态判断，判断方法如下。

ISO 标准规定的稳态条件为：至少连续 6 次等间距的测量值与它们的平均值的最大偏差不超过下述指标。

基准点空气温度：±0.1 ℃。

进、出口水温：±0.2 ℃。

其他点：±0.3℃。

散热器后的测点：±0.5 ℃。

热媒的流量：±2%。

并且要求每一稳态下测试时间不少于 1 h。将稳态条件扩展 1 倍，即散热器进、出口水温波动不超过 ±0.4 ℃，基准点空气温度波动不超过 ±0.2 ℃，达到此条件即认为达到初步稳态。

用微型计算机测量系统对实验的各测点温度和热媒的流量进行检测，在计算机中对保存的最新 7 组相邻数据进行计算比较，不满足初步稳态条件则剔除最先测得的那组数据，并采用另一组数据，再比较、剔除，如此反复直至满足初步稳态条件。达到初步稳态条件后，指示操作者进行流量测量，输入采样时间，即可进行测量和稳态判断。

③稳态判断，此阶段判断方法类似于初步稳态判断，只不过又增加了流量采集及流量判稳，且稳态要求按 ISO 标准规定进行，达到稳态后，提示操作者，将数据存盘。

④改变测试工况，按上述步骤进行测试。

（6）进行数据处理时，利用采用最小二乘法编制的数据处理软件，在完成 3 个工况的测试后，用此软件将存盘数据读入、回归，整理成式(1 - 12 - 2)的表达形式。

（7）实验完毕应关闭冷水机组、切断电加热器电源、关闭水泵，同时关闭水循环管上的全部阀门和冷却水系统中的冷却水阀门。关闭微型计算机测量系统的电源，并检查各水路和电路是否关闭。

五、思考题

（1）实验结果是否符合指数关系？若不是，分析其原因。

（2）根据有关资料所载同类型散热器的实验结果，比较相同点和不同点。

（3）叙述和分析实验过程中发生的情况或可疑之处对实验结果有何影响？

实验十三　热水采暖系统模拟实验

一、实验目的

(1)直观地了解常用机械循环热水采暖系统的形式和散热器的不同管路连接方式。

(2)直观地了解机械循环热水采暖系统的上下水、集气、排气状态。

(3)观察垂直单管跨越式系统的水力稳定性。

二、实验装置

机械循环热水采暖系统模拟实验装置如图 1 - 13 - 1 所示。用电热水器加热上水,用水泵加压,水温由电触点温度计控制。

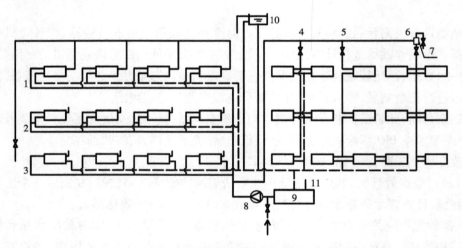

图 1 - 13 - 1　机械循环热水采暖系统模拟实验装置

1—水平分环下供下回双管系统(同侧连接);2—水平分环下供下回单管跨越式系统(同侧连接);

3—水平分环下供下回双管系统(异侧连接);4—垂直式上供下回双管系统;

5—垂直式上供下回单管顺流式系统;6—垂直式上供下回单管跨越式系统;7—集气罐;8—循环水泵;

9—电热水器;10—膨胀水箱;11—电触点温度计

机械循环单管跨越式热水采暖系统模拟实验装置如图 1 - 13 - 2 所示。

三、实验方法

(一)机械循环热水采暖系统的模拟

(1)熟悉机械循环热水采暖系统模拟实验装置的锅炉、水泵、除污器、膨胀水箱、集气罐、主要开关阀门的位置及作用、电加热器、水泵开关和温度指示信号灯的位置。

(2)用电触点水银温度计调节锅炉热水的温度,达到实验用热水温度要求。通常实验用热水温度为 40 ~ 50 ℃。

(3)打开上水阀门,依靠自来水水压向采暖系统上水,观察下分式系统上部的集气罐中的水位和气体聚集情况。当膨胀水箱的溢流管中有水溢出时,关闭阀门,停止上水。

(4)观察膨胀水箱和系统连接点处与水泵的相对位置。

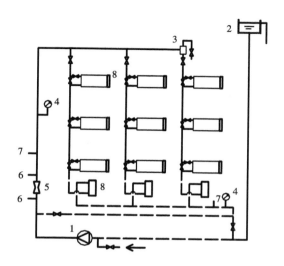

图1-13-2　机械循环单管跨越式热水采暖系统模拟实验装置

1—循环水泵；2—膨胀水箱；3—集气罐；4—压力表；5—阻尼元件；6—流量测孔；

7—压力测孔；8—浮子流量计

（5）接通电热器电源，使水加热；启动水泵，使水循环。观察膨胀水箱中水和气的变化情况。打开阀门，排放集气罐内的气体，观察排气状况对散热设备正常工作的影响。

（6）观察水平下分式双管系统的管路连接方式对散热器的积气死角的影响及局部排气的作用。

（7）观察垂直上分式单管顺流串通式的管路连接方式对散热器的积气死角的影响及局部排气的作用。

（8）观察垂直上分式单管跨越式的管路连接方式对散热器的积气死角的影响及局部排气的作用。

（二）机械循环单管跨越式热水采暖系统的模拟

（1）打开上水阀门，依靠自来水水压向采暖系统上水，当膨胀水箱的溢流管中有水溢出时，关闭阀门，停止上水。

（2）关小或关闭跨越式系统某个用户的阀门，通过各个散热器的浮子流量计观察该用户调节后对其他用户水力稳定性的影响。

四、实验注意事项

结束实验时，要切断电源，停泵，放水。

实验十四　制冷压缩机性能实验

一、实验目的

（1）加深了解制冷循环系统的组成。

（2）学习测定制冷机性能的方法。

（3）通过实际测定制冷机的运行工况以及参数计算，确定制冷机的 COP 和 EER，分析影响制冷机性能的因素。

二、实验装置

实验采用教学用制冷压缩机性能实验台，实验台采用全封闭式制冷压缩机。蒸发器和冷凝器均采用水换热器，压缩机的轴功率通过输入电功率来测算。实验采用能量平衡法，实验台的制冷剂循环系统如图 1-14-1 所示，冷水和冷却水循环系统如图 1-14-2 所示，各个测温点均采用铜电阻温度计。

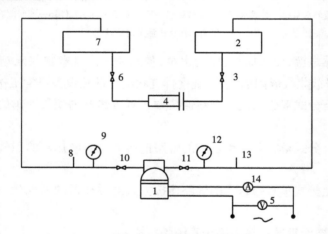

图 1-14-1　制冷剂循环系统简图

1—压缩机；2—冷凝器；3—截止阀；4—干燥过滤器；5—电压表；6—节流阀；7—蒸发器；8—吸气温度计；
9—吸气压力表；10—截止阀；11—截止阀；12—排气压力表；13—排气温度计；14—电流表

三、实验方法和步骤

1. 实验前的准备

（1）预习实验指导书和实验台使用说明书，详细了解实验台各部分的作用，掌握制冷系统的操作规程和制冷工况的调节方法，熟悉各测试仪表的安装使用方法。

（2）按照使用说明书的规定检查接电、水箱水位。

（3）在教师的指导下，熟悉实验工况调节要求。

2. 进行测试

（1）接通电源，启动冷却水泵和冷水水泵，运行 3 min 后启动压缩机。

（2）整个制冷系统运行 5 min 后开始调节冷却水、冷水流量，若需要可缓慢调节手动节流阀（调 1/4 周观察运行 2 min，直至达到测试工况）。

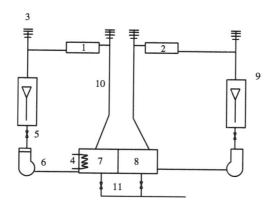

图 1 - 14 - 2 冷水和冷却水循环系统简图
1—蒸发器;2—冷凝器;3—温度传感器;4—加热器;5—阀门;6—水泵;7—冷冻水桶;
8—冷却水箱;9—流量计;10—出水管;11—放水阀

（3）待工况稳定后即可开始测试,测定该工况下的蒸发(吸气)压力、冷凝(排气)压力、吸气温度、排气温度、过冷温度、蒸发器和冷凝器的进出水温度及流量、压缩机的输入电压和电流等参数。

（4）为提高测试的准确性,可每隔 10 min 测读一次数据,取三次数据的平均值作为测试结果(三次记录数据应均在稳定工况要求范围内),并将数据记入表 1 - 14 - 1 中。

（5）改变工况,在要求的新工况下重复上述实验,测得新的一组测试结果。

（6）要求的全部实验结束后,先关闭压缩机,3 min 后再关闭冷却水泵和冷水泵,关闭电源。

四、实验数据处理

取三次读数的平均值作为计算数据。

1. 压缩机的制冷量

$$Q_0 = M_c C_p (t_{c1} - t_{c2}) \qquad\qquad (1 - 14 - 1)$$

式中　Q_0——压缩机的制冷量,kW;

　　　M_c——载冷剂(水)的流量,kg/s;

　　　C_p——载冷剂(水)的定压比热,kJ/(kg₁·℃);

　　　t_{c1}、t_{c2}——载冷剂(水)的进、出口温度,℃。

2. 冷凝器的热负荷

$$Q_k = M_w C_p (t_{w2} - t_{w1}) \qquad\qquad (1 - 14 - 2)$$

式中　Q_k——冷凝器的热负荷,kW;

　　　M_w——冷却水的流量,kg/s;

　　　C_p——冷却水的定压比热,kJ/(kg₁·℃);

　　　t_{w1}、t_{w2}——冷却水的进、出口温度,℃。

3. 压缩机的输入功率

$$P_{in} = UI\cos\varphi \qquad\qquad (1 - 14 - 3)$$

式中　$\cos\varphi$——功率因数。

　　4. 压缩机的轴功率

$$P = P_{in}\eta_0\eta_d \qquad (1-14-4)$$

压缩机的指示功率

$$p_i = P_e\eta_m \qquad (1-14-5)$$

式中　η_0——电动机效率(取 0.9)；

　　　η_d——传动效率(直联,取 1.0)；

　　　η_m——摩擦效率(取 0.92)。

　　5. 热平衡

$$Q_0 + p_i = Q_k \qquad (1-14-6)$$

$$\delta = \frac{|\Sigma Q|}{Q_k} < 0.05$$

　　6. 压缩机的性能系数 COP

$$COP = \frac{Q_0}{P_e} \qquad (1-14-7)$$

　　7. 压缩机的能效比 EER

$$EER = \frac{Q_0}{P_{in}} \qquad (1-14-8)$$

五、讨论分析

分析实验结果,讨论影响制冷机性能的因素。

表 1-14-1　数据记录

参数	单位	1	2	3	4	备注
载冷剂质量流量 M_c	kg/s					
冷却水质量流量 M_w	kg/s					
载冷剂进口温度 t_{c1}	℃					
载冷剂出口温度 t_{c2}	℃					
冷却水进口温度 t_{w1}	℃					
冷却水出口温度 t_{w2}	℃					
输入电压 U	V					
输入电流 I	A					

六、电气原理图

电气原理如图 1 - 14 - 3 所示。

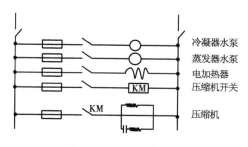

冷凝器水泵
蒸发器水泵
电加热器
压缩机开关
压缩机

图 1 - 14 - 3 电气原理

实验十五　热泵与冰箱实验

一、实验目的
(1)了解热泵和冰箱循环系统的组成。
(2)掌握热泵供热、制冷循环的流程。
(3)了解热泵、冰箱的工作原理。

二、实验装置
实验装置如图1－15－1、图1－15－2所示。

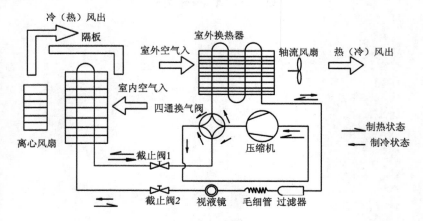

图1－15－1　热泵流程示意

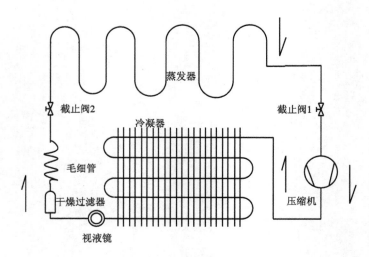

图1－15－2　冰箱流程示意

三、实验方法和步骤

1.实验前的准备
(1)预习实验指导书,详细了解实验台各部分的作用,掌握热泵和冰箱系统的操作规程和调节方法,熟悉各测试仪表的安装使用方法。

（2）检查电源,认真观察演示板上的工作流程图。

（3）按指导教师的要求调节实验工况。

2．实验演示

（1）接通电源,分别启动热泵系统和冰箱系统。

（2）在操作演示制冷或制热时,应间隔停机 5 min 进行,严禁连续转换开关紧急切换,否则将会影响压缩机的寿命。

（3）如强制启动空调或冰箱系统,应注意相隔约 5 min,否则将会损坏机器。

（4）若实验中出现故障,应尽快恢复正常,不要在有故障的情况下长时间运行。

（5）实验完毕后,关闭热泵系统和冰箱系统的电源。

（6）切断总电源,整理实验台。

四、实验数据处理

（1）记录各测点的温度情况,分析讨论工况。

（2）按照演示板上的工作流程图,将其中的部件与实验台的相关部件对应起来。

（3）分别画出热泵系统制冷和供热循环的流程图。

实验十六　　多支热电偶的温度校验实验

一、实验目的

（1）学习制作铜－康铜热电偶的方法。

（2）熟悉银－康铜热电偶的特性。

（3）掌握热电偶的温度校验方法，理解热电偶测温的基本原理，学会电位差计的使用。

二、实验原理

热电偶温度计是以热电效应为基础的测温仪表，在热能利用及空气调节、供热通风、工业效能及节能等工程中，广泛用于温度的自动测量和自动控制系统中。

热电偶是将两种不同材料的导体（或半导体）A 与 B 的端点焊接起来，闭合成回路所组成。

若热电极 A、B 的材料一定，又保持热电偶的冷端温度 T_0 恒定，则热电偶的热电势就只是热电偶的热端温度 T 的单值函数，即

$$E_{AB}(T,T_0) = f(T) - f(T_0) = \varphi(T) \tag{1-16-1}$$

在热电偶的温度校验中，都规定热电偶的冷端温度为 0 ℃，把热电偶的冷端分开或把热电偶的一个热电极断开接入一台电位差计，就可测量出回路的热电势。根据热电偶的热端温度和相应的热电势，列出表格或绘制热电偶的特性曲线。

三、实验装置

多支热电偶的温度校验装置如图 1 - 16 - 1 所示。

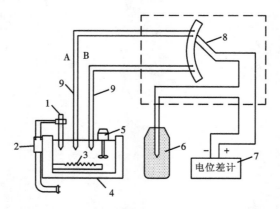

图 1 - 16 - 1　　多支热电偶的温度校验装置示意

1 ~ 5—恒温水浴；6—辅助热电偶测量端的 0 ℃保温瓶；

7—电位差计；8—转换开关箱；9—被检测的多支热电偶

恒温水浴是一种精密恒温仪器，箱外壳采用冷轧钢板制成，表面烘漆，内胆采用不锈钢制成，中层用聚氨酯隔热，并装有恒温控制器、电热器和温控仪表。

使用恒温水浴时，先向桶内加入蒸馏水到一定的高度（离盖板约 33 mm），再接通电源，开启电源开关，电源开关指示灯亮表明设备的电源已接通，温度控制仪表显示的数值是当前

的水温。然后按照所需要的工作温度进行设定,此时温控仪表的绿灯亮,电加热器开始加热。当水温升至设定温度附近时,设备进入恒温段。

电位差计用于测量热电偶回路的热电势 K。根据平衡补偿原理,使可调的已知电压与所测的热电势相等,从而测得热电偶所产生的热电势的大小。零点仪或广口保温瓶用来制作 0 ℃冰浴器。校验或使用多支同型号的热电偶配接一台显示仪表时,可加装辅助热电偶,并将辅助热电偶的测量端放置在零点仪内盛有绝缘油的试管中,或放入装满冰水混合物的保温瓶内盛有绝缘油的试管中,使辅助热电偶测量端的温度恒定在 0 ℃。

转换开关箱用来连接测量热电偶、电位差计、辅助热电偶,并可旋转顺次接通各支测量热电偶进行校验。

四、实验方法和数据处理

(一)热电偶的制作

制作热电偶就是把两种不同材料金属导线的端点焊接起来。在热能利用及空气调节、供热通风的常温测量中,通常采用由铜 – 康铜导线制成的热电偶。

铜和康铜导线不宜过粗,可采用直径 0.2 ~ 0.5 mm 的漆包导线。为防止两根热电极导线间形成短路,常用两种不同颜色的塑料管作为导线电极的绝缘套管。

焊接热电偶前,先将两根热电极导线端部的绝缘漆皮或氧化层用细砂纸轻轻擦磨干净,再把它们的端部拼在一起,扭结成绳状。使用点焊机熔化要焊接的端部,焊点应力求光滑平整,焊接要牢固。

铜 – 康钢热电偶的热电性能比较稳定,焊点牢靠,使用中也不易损坏,测量温度可达 120 ℃。

(二)热电偶的校验

焊接好的铜 – 康铜热电偶由于热电极材料的纯度难以完全一致,焊接的质量也有所差异,因此热电偶在用于测量之前需要进行校验。热电偶经过长期使用热电特性也会发生变化,而使测量误差变得越来越大,也须定期进行校验。热电偶的温度校验是一项非常重要的工作。

热电偶校验是用实验的方法求出温度 T 和热电偶回路的热电势 $E(T, 0℃)$ 的关系,可用热电偶分度表格或热特性曲线来表示。

实验时将编号的多支测量热电偶的测量端与刻度为 0.1 ℃或 0.01 ℃的标准水银温度计一起放置在盛水的恒温水浴中,再把辅助热电偶的测量端放入装有冰水混合物的保温瓶的试管内(试管内保持 0 ℃),最后用转换开关箱把测量热电偶的冷端、辅助热电偶的冷端、电位差计连成回路。

开启恒温水浴电源开关,使它内部的温度自动控制在所需的任一温度值,例如 0 ℃,4 ℃,5 ℃,…,25 ℃,…同时读出标准水银温度计的温度 T 及电位差计测出的该温度所对应的各支测量热电偶的热电势 $E_1, E_2, \cdots, E_n$,将数据记录在表格内,这样便得到一系列温度和热电势的校验值。

(三)绘制热电偶校验特性线

在 150 mm × 100 mm 的坐标纸上,以热电势 E 为纵轴,温度 T(℃) 为横轴,将由校验时所测得的一系列温度和各支热电偶的热电势 $E(T, 0\ ℃)$ 所确定的点标在坐标纸上,就可画出各支热电偶通过坐标原点的校验特性曲线,也可回归分析,整理成实验公式的形式。

在用热电偶测量温度时,只要测出热电势便可从图中相应热电偶的校验特性曲线上查出所测的温度值。

实验十七　涡轮流量计系数的测定实验

一、实验目的

（1）了解流量仪表校验的基本原理,学会涡轮流量计系数的测定方法。

（2）熟悉涡轮流量变送器和显示仪的构造,掌握正确的使用方法。

二、实验原理

各种非标准化的流量仪表在出厂前必须进行流量刻度的标定;使用时间稍久,测量介质有变化的流量仪表,也应对已有的流量刻度进行校验,以判定仪表的测量误差是否仍在仪表的精度等级所对应的允许误差范围之内。

采用标准计量槽或基准流量计测得准确的流体的体积流量,并以该值为基准,确定被校流量仪表的刻度或与已有的刻度相比较,这就是流量仪表的标定或校验的基本原理和常用的方法。

涡轮流量计是一种速度式流量仪表。它利用流体冲击涡轮的叶片,使涡轮发生旋转,涡轮的转动次数随流量的大小而变化,涡轮流量变送器把涡轮的转数变换成电脉冲信号,再用流量指示积算仪测得脉冲数,这样就测得了流体的流量。

每个涡轮流量计的系数均不相同,其数值都需通过标定或校验来确定。当所测流体的种类或性质与标定状况不同时,也应进行校验。

涡轮流量计的系数是通过标准计量桶测得流体的体积总量,和流量显示仪所指示的体积进行比较,再测出不同流量下的仪表系数,即可求得测量范围内的平均系数 ζ。

在涡轮流量计允许的流量范围内,分别取相对流量为 10%、30%、50%、70%、90% 的各种流量,测出相应的仪表系数 ζ_{10}、ζ_{30}、ζ_{50}、ζ_{70}、ζ_{90},就可绘制出涡轮流量计的流量特性曲线,求出在允许的流量范围内系数的平均值,作为该涡轮流量计的仪表系数 ζ。

三、实验装置

涡轮流量计的校验装置如图 1 – 17 – 1 所示。

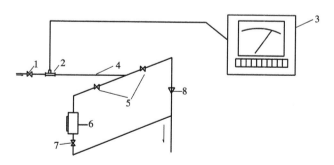

图 1 – 17 – 1　涡轮流量变送器系数的测定示意

1—调节阀门;2—涡轮流量变送器;3—流量显示仪;4—实验管路;

5—转换阀门;6—标准计量桶;7—泄水阀门;8—放水管

计量桶是测量流体质量的容器,测得桶内流体的质量变化 Δm ,便可计算出这一段计量

时间内流体的体积流量 Q_b 为

$$Q_b = \Delta m / \rho \tag{1-17-1}$$

式中　ρ——流体的密度。

四、实验方法及数据处理

(1)仔细阅读实验指导书,熟悉该实验装置的实验设备和仪器,了解校验流量仪表的操作方法和步骤。

(2)检验流量显示仪的指示是否工作正常。

(3)在该型号涡轮流量变送器允许的流量测量范围内(如 LW-25 涡轮流量变送器的可测量范围为 0.44~2.77(水)L/s)选取某一流量,调整调节阀门 1,使其流量约为选取的流量。

(4)改变调节阀门 1 的开启度,即变化流量取 10%、30%、50%、70%、90% 的相对流量值,分别求出各流量下的 Q_{n10},Q'_{n10},Δt_n,… 及 ζ_{10},ζ_{30},…,ζ_{90}。

(5)计算测量范围内 ζ_{n10},ζ_{n30},…,ζ_{n90} 的平均值,这就是该涡轮流量计的仪表系数 ζ。

(6)绘制涡轮流量计的特性曲线。

校验涡轮流量计仪表系数的记录表见表 1-17-1。

表 1-17-1　校验涡轮流量计仪表系数的记录表

序次	计量水箱			流量显示仪	仪表系数	平均仪表系数
	质量 Δm(kg)	时间 ΔT(s)	流量 Q(m³/h)	流量 Q'(m³/h)	$\zeta_n = Q'_n / Q_n$	

实验十八　　室内光环境测量与评价实验

一、实验目的

(1)掌握室内光环境的测量方法和评价方法。

(2)熟练使用本实验所用的设备和仪器(照度计等)。

二、实验基本知识

根据测量目的和对象的不同,室内光环境测量包括室内采光光环境测量和室内照明光环境测量。室内采光光环境测量包括对室内典型剖面(工作面)上各点的照度,室外无遮挡水平面上的扩散光照度,室内各表面的亮度,室内墙面、顶棚、地面装饰材料和主要设备的反射系数,采光材料的透光系数的测量。室内照明光环境测量包括对室内有关面上各点的照度,室内各表面上的反射系数,室内各表面和设备的亮度的测量。本实验仅包括室内采光光环境测量中室内典型剖面(工作面)上各点的照度测量和室内照明光环境有关面上各点的照度测量。

1. 照度的定义

照度是被照面上的光通量密度。

2. 照度测量

1)室内照明照度测量

测量一般房间照明时,预先在测定场所的照度测量平面上布置测点网格,做测点记号,一般室内或工作区为边长 2.0~4.0 m 的正方形网格,对于面积小的房间可取边长 1.0 m 的正方形网格,对于走廊、通道、楼梯等处在长度方向的中心线上按 1.0~2.0 m 的间隔布置测点,网格边线一般距房间各边 0.5~1.0 m。测量局部照明时,测点布置在需照明的地方;当测量场所狭窄时,选择其中有代表性的一点;当测量场所广阔时,可按一般照明布点。测量平面和测点高度需要按规定来确定。无特殊规定时,一般取距地 0.8 m 的水平面。对于走廊和楼梯,应为地面或距地面 0.15 m 以内的水平面。测量时根据需要点亮必要的光源,排除其他无关光源的影响。

普通公共场所整体照明照度测量平面的高度为地面以上 0.8~0.9 m。一般房间取 5 个点(每边中点和室中心点)。影剧院、商场等大面积场所的测量可用等距离布点法,一般以每100 m² 布 10 个点为宜。有多个测点的场所用各点的测定值求平均照度,必要时记录最大值和最小值及其所在点的位置。对于一个点的测定结果则直接记录。进行局部照明照度测量时,在场所狭小或有特殊需要的局部照明情况下,可测量其中有代表性的一点。由于有些情况是局部照明和整体照明兼用的,所以在测定时,整体照明的灯光是开着还是关闭,要根据实际情况合理选择,并要在测定结果中注明。测量时应注意:测定开始前,白炽灯至少开 5 min,气体放电灯至少开 30 min;受光器应水平放置于测量平面上,在测量前至少曝光 5 min,以避免产生初始效应;测定者的位置和服装不能影响测定结果。

2)室内采光照度测量

室内采光的照度测量应选择在全阴天、照度相对稳定的时间段内进行。一般选在

10:00—14:00。测量时应熄灭人工照明,避免测试者的人影和其他各种因素对接收器的影响,测试人员应尽量避开光的入射方向。使用光电池式照度计时,测量前使接收器曝光 2 min 后方可开始测量。测量平面一般是距地面 0.8 m 的水平面,对于通道,可取地面或距地 0.15 m 的水平面,其他测量平面可按实际情况确定。测点应位于建筑物典型剖面和假定工作面相交的位置。一般应选两个以上的典型横剖面;顶部采光时,可增测两个以上典型纵剖面。根据需要也可选室内代表区或整个室内等间距布点进行测量。测点间距一般为 2.0 ~ 4.0 m,对于面积小的房间可取 0.5 ~ 1.0 m 的间距。测点的位置还可按采光口的布置选取。测点离墙或柱的距离为 0.5 ~ 1.0 m。单侧采光时应在距内墙 1/4 进深处设一测点,双侧采光时应在横剖面中间设一测点。

3. 测量仪器

测量仪器为照度计。照度计是利用光敏半导体元件的光电现象制成的。当外来光线射到光电元件上后,接收器的光电元件将光能转变为电能,通过电流表示出光的照度。光电元件有硒光电池和硅光电池两种。

用于测量的公共照度计量程下限不大于 1 lx,上限大于 5 000 lx。

三、实验内容

对天津大学环境科学与工程学院中心实验室的室内照明进行测量评价。

四、实验步骤

(1)从实验指导教师处领取照度测量仪器。

(2)在实验指导教师的指导下学习使用照度测量仪器。

(3)在实验室内划分网格,选取测量位置,准备测量。

(4)开始测量,记录数据。

(5)整理数据。

五、实验数据记录

对中心实验室的室内照明进行测量,见表 1 – 18 – 1。

表 1 – 18 – 1　室内照明测量记录表

测量内容:　　　　　　　　　　　测量日期:

测量人:　　　　　　　　　　　　测量仪器编号:

测量仪器型号:　　　　　　　　　测量时间:

测点	1	2	3	4	5	6	7	8
照度(lx)								

六、思考题

普通房间照明的照度一般是多少?晴天中午室外的照度一般是多少?这两个数值是一个数量级的吗?

实验十九　噪声测量与评价实验

一、实验目的

（1）掌握环境噪声的测量方法和评价方法。

（2）熟练使用本实验所用的设备和仪器（声级计等）。

二、实验基本知识

（一）术语

1. A（计权）声级

用 A 计权网络测得的声级，用 L_{pA} 表示，单位为 dB。注：通常简单地用 L_A 表示。

2. 累积百分声级

在规定的测量时间 T 内，有 $N\%$ 的时间声级超过某一 L_{pA} 值，这个 L_{pA} 值叫作累积百分声级，用 $L_{N,T}$ 表示，单位为 dB。例如 $L_{95,1\,h}$ 表示 1 h 内有 95% 的时间超过 A 声级。

累积百分声级用来表示随时间起伏的无规噪声的声级分布特性。

注：通常简单地用 L_N 表示，如 L_{95}。

3. 等效（连续）A 声级

在某规定的时间内 A 声级的能量平均值，又称等效连续 A 声级，用 L_{Aeq} 表示，单位为 dB。

$$L_{Aeq} = 10\lg\left[\frac{1}{T}\int_0^T 10^{0.1L_A(t)}\,\mathrm{d}t\right] \qquad (1-19-1)$$

式中　$L_A(t)$——某时刻 t 的瞬时 A 声级，dB；

　　　T——规定的测量时间，s。

由于环境噪声标准中都用 A 声级，故如不加说明，等效声级就是等效（连续）A 声级，并常简单地用符号 L_{eq} 表示。

3. 昼夜等效声级

在昼间和夜间的规定时间内测得的等效 A 声级分别称为昼间等效声级 L_d 和夜间等效声级 L_n。昼夜等效声级为昼间和夜间等效声级的能量平均值，用 L_{dn} 表示，单位为 dB。

考虑到噪声在夜间比昼间更吵人，计算昼夜等效声级时需要将夜间等效声级加上 10 dB 后再计算。如昼间规定为 16 h，夜间为 8 h，昼夜等效声级为

$$L_{dn} = 10\lg\left[\frac{16\times10^{0.1L_d} + 8\times10^{0.1(L_n+10)}}{24}\right] \qquad (1-19-2)$$

注：昼间和夜间的时间可依地区和季节的不同按当地习惯划定。

（二）测量仪器

测量仪器为积分式声级计和 1 倍频程噪声频谱分析仪。测量仪器和声校准器应按《积分声级计》（JJG 699—1990）、《声校准器》（JJG 176—2005）、《噪声统计分析仪》（JJG 778—2005）的规定定期检定。测量前后使用声校准器校准的测量仪器的示值偏差不大于 2 dB，否则测量无效。

（三）测量方法

1. 测量位置

主要指测量传声器所置位置。

1）户外测量

当要求减小周围的反射影响时，应尽可能离任何反射物（除地面）至少 3.5 m 测量，离地面的高度大于 1.2 m，必要而有可能时置于高层建筑上，以扩大可监测的地域范围。但每次测量位置、高度应保持不变。使用监测车辆测量，传声器最好固定在车顶上。

2）建筑物附近的户外测量

测量应在暴露于所需测试的噪声环境中的建筑物外进行。若无其他规定，测量位置最好在离外墙 1～2 m 处，或全打开的窗户前面 0.5 m（包括高楼层）处。

3）建筑物内的测量

测量应在所需测试的噪声环境中的建筑物内进行。测量位置最好离墙面或其他反射面至少 1 m，离地面 1.2～1.5 m，离窗 1.5 m。

2. 测量时间

测量时间分为昼间和夜间两部分。具体时间可依地区和季节不同按当地习惯划定。

一般采用短时间的取样方法来测量。白天选在工作时间范围内（如 08：00—12：00 和 14：00—18：00）；夜间选在睡眠时间范围内（如 23：00—05：00）。

三、实验内容

（1）对天津大学环境科学与工程学院中心实验室内的昼间噪声进行测量、评价。

（2）对离心风机噪声的频谱特性进行分析。

四、实验步骤

第一部分内容：对天津大学环境科学与工程学院中心实验室内的昼间噪声进行测量、评价。

（1）从实验指导教师处领取噪声测量仪器。

（2）在实验指导教师的指导下学习使用噪声测量仪器。

（3）使用声校准器校准噪声测量仪器，记录校准数据。

（4）在实验室内选取噪声测量位置，准备测量。

（5）开始测量，记录数据，测量时间为 10 min。（测量期间应尽量避免高声喧哗）

（6）使用声校准器校准噪声测量仪器，记录校准数据。与第一次校准数据进行比较，如偏差大于 2 dB，则测量无效，回到第（4）步，重新开始测量。

（7）整理数据，准备进行第二部分内容的测量。

第二部分内容：对离心风机噪声的频谱特性进行分析。

（1）实验指导教师打开风机，在工频下运行。

（2）选取噪声测量位置，准备测量。

（3）开始测量，记录数据。（测量期间应尽量避免高声喧哗）

（4）整理数据。

五、实验数据记录

第一部分：对中心实验室内的昼间噪声进行测量、评价，见表1-19-1。

表1-19-1 室内噪声评价测量记录表

测量内容：　　　　　　　　　　　测量日期：

测量人：　　　　　　　　　　　　测量仪器编号：

测量仪器型号：　　　　　　　　　测量前的校准值：

测量时间：　　　　　　　　　　　L_{Aeq}：

测量后的校准值：　　　　　　　　测量的有效性：

第二部分：对离心风机噪声的频谱特性进行分析，见表1-19-2。

表1-19-2 风机噪声频谱特性测量记录表

测量内容：　　　　　　　　　　　测量日期：

测量人：　　　　　　　　　　　　测量仪器编号：

测量仪器型号：　　　　　　　　　测量前的校准值：

测量后的校准值：　　　　　　　　测量的有效性：

中心频率(Hz)	31.5	63	125	250	500	1 000	2 000	4 000
声级[dB(A)]								

六、思考题

为什么需要了解风机等噪声源的噪声频谱特性？被测风机的噪声主要集中在哪一个频段？

实验二十　燃气辐射采暖特性实验

一、实验目的

(1)了解燃气辐射采暖系统的组成。

(2)学习测定燃气辐射采暖空间的采暖特性参数的方法。

(3)通过实际测定燃气辐射采暖系统的采暖特性参数,分析影响辐射采暖性能的因素。

二、实验装置

实验采用燃气辐射采暖性能实验台,实验台采用北京希尔韦(CRV)公司提供的25 kW燃气辐射采暖用燃烧器一台。燃气的热值、密度和成分由燃气实验室相应的实验台测定,本实验只需测定燃气的流量和压力。本实验的主要目的是进行燃气辐射采暖特性参数的测定,实验台的系统图如图1-20-1所示。

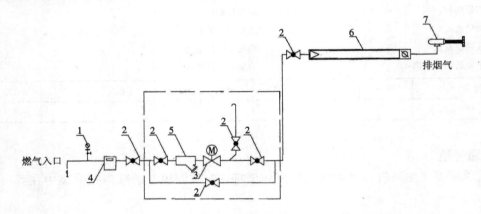

图1-20-1　燃气辐射采暖系统图

1—压力表;2—燃气专用球阀;3—电磁阀;4—湿式燃气表;5—过滤器;6—燃气辐射采暖器;7—排烟风机

三、实验方法和步骤

1.实验前的准备

(1)预习实验指导书和实验台使用说明书,详细了解实验台各部分的作用,掌握燃气辐射采暖系统的操作规程,熟悉各测试仪表的安装使用方法。

(2)按指导教师的要求和操作规程启动燃气辐射采暖系统。

2.进行测定

(1)待工况稳定后即可开始测定,测定燃气压力、燃气流量、辐射强度、各围护结构表面温度、空气温度梯度(从地面起每隔0.5 m布置一个测点)、黑球温度梯度(从地面起每隔0.5 m布置一个测点)、辐射管表面温度变化(从燃烧器出口起每隔0.5 m取一个测点)、排烟温度和烟气成分等参数。

(2)为提高测试的准确性,可每隔10 min测读一次数据,取三次数据的平均值作为测定结果(三次数据应均在稳定工况要求的范围内)。

(3)实验结束后,按操作规程的要求停止系统工作。

四、实验数据处理

（1）画出燃气辐射采暖系统的流程图。

（2）记录各测量值。

（3）计算实感温度。

$$t_e = 0.52t_n + 0.48t_s - 22 \qquad (1-20-1)$$

式中　t_e——实感温度，℃；

　　　t_n——室内空气的干球温度，℃；

　　　t_s——平均辐射温度，℃；

$$t_s = \frac{S_1t_1 + S_2t_2 + \cdots + S_mt_m}{S_1 + S_2 + \cdots + S_m} \qquad (1-20-2)$$

式中　$S_1, S_2, \cdots, S_m$——四周围护结构的面积，m^2；

　　　$t_1, t_2, \cdots, t_m$——各围护结构的温度，℃。

（4）分析烟气中的有害气体是否达标。

实验二十一　燃气相对密度测定实验

一、实验目的

利用喷流法测定燃气的相对密度,即燃气密度与空气密度的比值。

二、实验原理

根据流体力学可知,在压强不大的情况下,气体从孔口流出的流速 W 可用下式表示:

$$W = \mu \sqrt{\frac{2gH}{\rho}} \qquad\qquad (1-21-1)$$

式中　H——气体的压强,mH_2O;

　　　ρ——气体的密度,kg/m^3;

　　　μ——流速系数;

　　　g——重力加速度,N/kg。

设有一个面积为 f 的孔口,空气在 H 作用下,经过时间 t_1,流过的容积为 V,可写出:

$$V = \mu \sqrt{\frac{2gH}{\rho_1}} \times t_1 \times f \qquad\qquad (1-21-2)$$

式中　ρ_1——空气的密度,kg/m^3。

在同样的条件下,燃气通过面积为 $f(m^2)$ 的孔口,经过时间 $t_2(s)$,流过的容积亦为 V (m^3),这样:

$$V = \mu \sqrt{\frac{2gH}{\rho_2}} \times t_2 \times f \qquad\qquad (1-21-3)$$

式中　ρ_2——燃气的密度,kg/m^3。

由于燃气与空气流过的容积相等,根据式(1-21-2)、式(1-21-3)两式相等可求得燃气的相对密度 S:

$$S = \frac{\rho_2}{\rho_1} = \left(\frac{t_2}{t_1}\right)^2 \qquad\qquad (1-21-4)$$

因为求 S 值时要求是在同样的状态参数下 ρ_2 与 ρ_1 的比值,所以除了压强条件相同外,还应使温度条件相同。如果温度条件不同,应进行温度修正。

三、实验仪器

图 1-21-1 为 SK-1128 型燃气密度仪的构造示意,燃气(或空气)进入浮筒,使筒徐徐升起,达到一定高度后,停止进气,打开喷流孔,气体自孔口流出,分别计量将燃气、空气存在于起始断面、终止断面之间的体积 V 排出的时间 t_2 及 t_1,即可算出燃气的相对密度 S。

仪器的旁边设有量水装置。当筒下降,起始断面与水平核相触时,转向阀转动,使水流入量筒,当终止断面与水平核相触时,转向阀转回,使水停止流入量筒而流进下水道。水流是由恒水位箱供给的,多余的水流入下水道,从而保证水位恒定不变,使水流量不变。利用水流量不变的原理,认为量筒测得的水量 G 是与时间成正比的。

因为

$$\frac{G_2}{G_1} = \frac{t_2}{t_1}$$

所以

$$S = \left(\frac{G_2}{G_1}\right)^2$$

这样可根据测得的 G 值算出 S 值。当然也可以不利用量水装置，直接用秒表卡出 t_2 与 t_1 而算出 S 值。

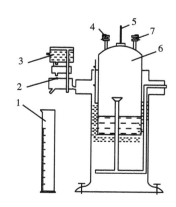

图 1 - 21 - 1　燃气密度仪

1—量筒；2—转向阀；3—恒水位箱；4—置换孔；

5—温度计；6—浮筒；7—喷流孔

四、实验方法

（一）准备工作

（1）根据水准泡使仪器水平，调整水平螺丝。

（2）向仪器外壳注入洁净的水。

（3）用注气筒向浮筒内注入空气，使筒上升，并检验是否有漏气的地方。

（4）引入自来水，检查恒水位箱的水位是否正常。

（5）安置好量筒后，扶起浮阀 C，检验水平核对转向阀的控制是否正确。

（二）测定步骤

（1）用注气筒向浮筒内注入空气，待浮筒升起后，打开置换孔使筒较快地落下，再关闭置换孔注入空气，如此反复数次，当确认筒内为纯空气时将筒升起必要的高度。（在浮筒升降进行置换时可把注入量筒的水暂时通入下水道）

（2）将量筒内的存水倒净，扶起浮阀 C。

（3）打开泄流孔，待筒落下后读出水量 G_1 及空气温度 t_a，这样连续做五次。

（4）通过进气阀门将燃气注入浮筒，并用前面的方法进行置换，直到认为筒内为纯燃气时止，并升起浮筒。

（5）扶起浮阀 C，将量筒内的存水倒净。打开泄流孔直到浮筒落下，读出水量 G_2 及燃气温度 t_g，对燃气也连续做五次。

（三）注意事项

（1）要保证浮筒能上下灵活地升降，不要有碰磨的地方。

（2）若筒上升不到必要的高度并有气泡鼓出，要再向外壳注入一定量的水。

（3）触头 A、B 的位置可调整，相距越近，时间越短，相对误差越大。

（4）注意孔口的清洁。

（5）在喷流过程中，气体的温度不应变化，如有变化，应舍去该测定值，找出原因排除障碍重新测定。

（6）在测 G_1 与 G_2 时大气压强应相等。

五、实验数据记录

G_1、G_2 均取测定值的算数平均值。然后通过式（1 – 21 – 4）算出 S，测定记录见表 1 – 21 – 1。

表 1 – 21 – 1　燃气相对密度测定记录表

地点：

日期：

人员：

大气压强	测定前			
（Pa）	测定后			
室温（℃）				
实验次数	$t_1(G_1)$ [s(g)]	空气温度 t_a（℃）	$t_2(G_2)$ [s(g)]	燃气温度 t_g（℃）
1				
2				
3				
4				
5				
平均值				

实验二十二　燃气发热量测定实验

一、实验目的

（1）利用水流吸热法测定燃气低位发热量。

（2）燃气发热量是每 Nm^3 燃气完全燃烧所产生的热量，单位为 kJ/Nm^3。

（3）燃气发热量中不包括烟气中的水蒸气凝结产生的热量时即为低位发热量。

二、实验原理

由图 1 – 22 – 1 可见，燃气在量热计中完全燃烧，产生的热量被连续的水流吸收，其热平衡方程式为

$$VQ_h = W \cdot c \cdot \Delta t \qquad (1-22-1)$$

式中　Q_h——燃气发热量，kJ/Nm^3；

　　　V——单次实验中在量热计中燃烧的燃气的体积，m^3（或 L）；

　　　W——在同一次实验中，流过量热计的水量，kg；

　　　c——水的比热，$kJ/(kg \cdot ℃)$；

　　　Δt——热水与冷水的温差，℃。

由式（1 – 22 – 1）可得

$$Q_h = \frac{W \cdot c \cdot \Delta t}{V} \qquad (1-22-2)$$

为了求低位发热量 Q_l，应减去冷凝水放出的热量 q，即

$$Q_l = Q_h - q = \frac{W \cdot c \cdot \Delta t}{V} - q \qquad (1-22-3)$$

三、实验仪器

为了测定燃气发热量，采用主要由调压器、流量计及量热计三者组成的测定系统。

（一）量热计

量热计是实现式（1 – 22 – 1）的主要机构。燃气通过本生灯在量热计中完全燃烧。进入量热计的水经过水箱恒位使水流量稳定不变，并把燃气燃烧产生的热量全部吸收。冷、热水温度计分别计量进、出量热计水的温度，可算出温差 Δt。通过转向阀可把热水注入量筒，从而测得水量 W。为保证燃气燃烧的热量完全被水吸收，应保持 Δt 在 10～12 ℃，这样可略去量热计与周围环境的热交换；排烟温度应低于室内空气温度 1～3 ℃，这样可以认为进入量热计的燃气和水的物理热与排出热量计的烟气的物理热相抵消。当 Δt 过大时可调节水量阀，增大水流量，反之减小水流量。当排烟温度过高时可开大蝶阀，反之关小蝶阀。

冷凝水用冷凝水量筒计量。

（二）流量计

一般采用湿式燃气表作为计量燃气量的流量计。燃气自入口进入燃气表后，推动转轮旋转，并带动指针转动计量燃气量。转轮转一圈为 5 L（上海燃气公司生产的湿式燃气表）。表上有压力表与温度计，可计量燃气的压强与温度，从而折算成标准体积（Nm^3）。

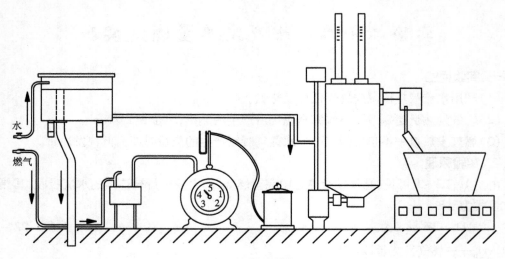

图 1 − 22 − 1　热量测定系统图

（三）调压器

调压器的作用是保证进入量热计的燃气压强恒定，使燃气流量不变。图 1 − 22 − 1 所示的调压器是一种小型湿式调压器，当燃气量增大时出口压强升高，气体托起钟罩，使阀上升，可减小燃气量到需要的稳定流量，钟罩上的重块可调节燃气压强大小。这种调压器只适用于出口压强小于 100 mmH$_2$O 的情况。当要求本生灯前压强大于 100 mmH$_2$O 时，可采用其他形式的调压器。

四、实验方法

（一）准备工作

1. 湿式燃气表的准备

（1）调整水平螺丝使水泡对中。

（2）向燃气表中注水，加到水位适当时为止。

（3）按图 1 − 22 − 1 把燃气表与标准量瓶连接起来。

（4）控制阀门 1、2，使水面升到刻度线 Ⅱ 时，燃气表正好指"0"。每升的误差应该很接近，否则说明转轮不均匀。求得误差后可以在计算中予以校正，也可以调整燃气表的水位，消除误差。

2. 调压器的准备

如用湿式调压器应先注入一定量的水，调节重块以达到要求的本生灯前压强。调整好压强后，应做气密性实验，即关闭本生灯阀门，打开气源阀门，稳定后燃气表指针不动，或在 10 min 内指针移动不超过全周的 1%，即视为合格。

3. 本生灯的调整

本生灯的热负荷应控制在 930 ~ 1 163 W。测定不同性质的燃气应根据本生灯前压强决定本生灯喷嘴直径。本生灯前压强及喷嘴直径可采用表 1 − 22 − 1 中的数值。

表 1 - 22 - 1　本生灯前压强及喷嘴直径

燃气种类	本生灯前压强(mmH₂O)	喷嘴直径(mm)
液化石油气	280 ~ 300	0.7
天然气	180 ~ 200	1.0
炼焦煤气	80 ~ 100	1.3

由于喷嘴加工情况不同,所以喷嘴尺寸无法算准。因此在测定前先计算一下本生灯的热负荷(这时可预估燃气的发热量),如达不到要求可适当调整一下喷嘴直径。

4. 量热筒的准备

(1)把量热计固定,并保持竖直。

(2)将自来水引入量热计,开始时应把水阀慢慢开大,防止水冲出。

(3)将本生灯点燃,调节一次空气板使其出现双层火焰但不产生发光的焰尖。开始时因为调压器及燃气表中有空气所以点不着,因此需要等燃气表转 1 圈以上时才能正常燃烧。

(4)将本生灯放入量热计并按要求对中固定好,插入深度 4 cm 以上这时空气碰动一次不要关阀。

(5)用反光镜观察火焰情况。

(6)这时可看到热水温度计温度上升,稳定后 $\Delta t \neq 10 \sim 12$ ℃,应调水量阀直到达到要求为止。

(7)调节排烟气蝶阀,使烟气温度低于室温 1 ~ 2 ℃。

(8)本生灯在量热计中燃烧一定时间后,热水温度波动不大,烟气温度低于室温 1 ~ 2 ℃并有冷凝水出现,即视为仪器达到稳定状态。

(二)测定步骤

(1)测量室内空气的干、湿球温度,大气压强。

(2)读燃气压强及温度,即读安装在燃气表上的温度计及 U 形压力表的读数。

(3)读排烟温度。

(4)对量热计上的冷、热温度计预备读数,要求精确到 0.1 ℃,如看不清可采用放大镜帮助读数。

(5)当燃气表指"5"时将冷凝水量筒安置好,开始读记冷凝水量。

(6)当指针到"1"时(燃气流过 1 L),立即打开转向阀,开始记水量。

(7)当指针到"1.1"时,读热水温度及冷水温度,这样每隔"0.1 L"读一次。

(8)当指针到"2"时,先关闭转向阀,停止向筒内注水,然后读一次热水、冷水温度,最后记下水量 W。

(9)当指针到"3"时重复第(7)步及第(8)步。

(10)当指针到"5"时,取下冷凝水量筒,记下冷凝水量,冷凝水量的测试原理如图 1 - 22 - 2 所示。

以上是以高发热量的液化石油气为例,如果测其他燃气,读数的开始值与终了值要适当改变,各种燃气热值的测量过程可参照表 1 - 22 - 2 。

表 1 - 22 - 2　　各种燃气热值测量过程参照表　　　　　　　　　（L）

液化石油气	指针位置	5	1	2	3		4	5
	积累读数	0	1	2	3		4	5
天然气	指针位置	5	2	4	1		3	5
	积累读数	0	2	4	6		8	10
炼焦煤气	指针位置	5	5	5	5		5	5
	积累读数	0	5	10	15		20	25
	测定步骤	0	1	2	3		4	5

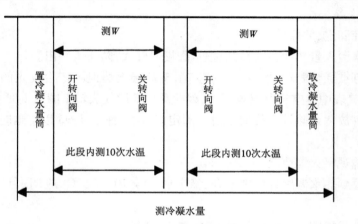

图 1 - 22 - 2　　冷凝水量测试原理图

（三）注意事项

（1）本生灯在量热计内应连续燃烧，不应熄灭。当突然熄灭时，应马上关闭燃气阀门。本生灯熄灭可以通过反光镜观察出，也可以根据热水温度下降发觉。

（2）当本生灯在量热计内熄灭后又重新点燃时，要在放入本生灯之前把量热计中未燃烧的燃气排出，否则会发生爆鸣。

（3）必须保证先向量热计内注水，然后放入点燃的本生灯。

（4）为了防止燃气被水溶解或吸附在胶皮管上而影响测定精度，可在测定前使燃气与胶皮管充分接触（5 ~ 6 h 即可），并让 60 L 以上的燃气通过燃气表后再正式测定。

（5）冷水温度最好等于室温，并且不宜变化过大，当冷水温度与室温相差较大时，应该考虑量热计与室内空气的热交换。

五、实验数据处理

（一）折算标准体积

首先应根据燃气的压强与温度将燃气的体积折算成标准体积，折算系数用下式计算：

$$f = \frac{标准体积}{工作体积} = \frac{B + p - \varphi p_b}{101\ 325} \times \frac{273}{273 + t_g} \tag{1 - 22 - 4}$$

式中　B——室内大气压强，Pa；

　　　p——燃气压强，Pa；

　　　p_b——燃气中饱和水蒸气的分压强，Pa；

φ——燃气的相对湿度，% ；

t_g——燃气的温度，℃。

由于采用湿式燃气表，燃气的相对湿度 $\varphi \approx 100\%$ 。

（二）冷凝水放热量 q 的计算

q 值可根据下式计算：

$$q = \frac{G_k}{1\,000} \times 2\,511 \times \frac{1\,000}{V_q f} = 2\,511 \frac{G_k}{V_q f} \qquad (1-22-5)$$

式中　q——1 Nm³ 燃气燃烧所得水汽凝结的放热量，kJ/m³；

　　　G_k——燃气流过 V_q(m³) 时测得的冷凝水量，g；

　　　2 511——单位质量水汽凝结的放热量，kJ/kg；

　　　f——折算系数。

（三）燃气低位发热量 Q_l 的计算

由式（1-22-3）~式（1-22-5）可得

$$Q_l = \frac{CW\Delta t}{Vf} - 2\,511 \frac{G_k}{V_q f} \qquad (1-22-6)$$

式中　W——燃气流量为 V(L/s) 时的水量，g；

　　　C——水的比热，J/(g·℃)；

　　　Δt——热、冷水的温度差，应为 10 次读数的平均值，℃；

　　　G_k——燃气流量为 V_q 时的冷凝水量，g。

　　　V 与 V_q 可参照表 1-22-2。

（四）记录表格

记录表格见表 1-22-3 和表 1-22-4。

表 1-22-3　燃气发热量测定记录表

被测气体　　　　　　　　　　　　　　　　　　　　编号

项目		次数	第一次		第二次	
		序号	热水(℃)	冷水(℃)	热水(℃)	冷水(℃)
发热量 Q_h(kJ/Nm³)	水温 (℃)	1				
		2				
		3				
		4				
		5				
		6				
		7				
		8				
		9				
		10				

项目	次数	第一次	第二次
发热量 Q_h （kJ/Nm³）	温差 Δt（℃）		
	水量 W（g）		
	燃气体积 V_q（L）		
	Q_h		
冷凝水放热量（kJ/Nm³）	冷凝水量 G_k（g）		
	燃气体积 V_q（L）		
	q		
低位发热量 Q_1（kJ/Nm³）	$Q_1 = Q_h - q$		
	平均 Q_1		
实验人员			

表 1 – 22 – 4   室内参数及折算系数

编号

项目	测定开始	测定终了	平均值	校正值	校正后的值
室内温度					
大气压强					
烟气温度					
燃气压强					
燃气温度					
燃气中水蒸气的分压强					
折算系数					
气质					
实验人员					
地点					
日期					

实验二十三 粉尘粒度分级实验

一、实验目的

（1）掌握粉尘颗粒分级方法。

（2）了解和熟悉本实验所用的仪器设备：MD–1 型粉尘粒度分布测定仪以及仪器设备十五所述的 YFJ（巴柯）离心粉尘分级仪。

二、实验原理

MD–1 型粉尘粒度分布测定仪采用斯托克斯原理和比尔定律进行分析检测，能准确测定粉尘粒度分布。MD–1 型粉尘粒度分布测定仪的结构如图 1–23–1 所示。

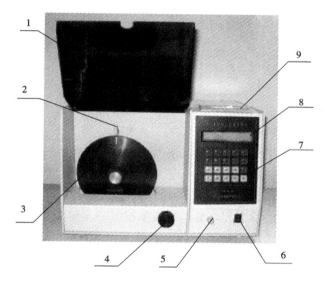

图 1–23–1 MD–1 型粉尘粒度分布测定仪结构图
1—活动罩；2—光路对准标志；3—圆盘；4—锁定旋钮；5—光强调节旋钮；
6—电源开关；7—操作面板；8—显示窗口；9—打印机

粉尘粒度分布测定原理：根据斯托克斯沉降原理和比尔定律测定粉尘粒度分布。粉尘溶液经过混合后移入沉降池中，通过旋转圆盘使沉降池中的粉尘溶液处于均匀状态。溶液中的粉尘颗粒在自身重力的作用下产生沉降现象。在沉降初期，光束所处平面的溶质颗粒动态平衡，即离开该平面与从上层沉降到此的颗粒数目相同，所以该处的浓度是保持不变的。当悬浮液中的最大颗粒平面穿过光束平面后，该平面上就不再有大小相同的颗粒来替代，这个平面的浓度也开始减小。此时刻 t 和深度 h 处的悬浮液中只含有直径小于 d_{st} 的颗粒，如图 1–23–2 所示。d_{st} 由斯托克斯公式决定：

$$d_{st} = \sqrt{\frac{18\eta h}{(\rho_p - \rho_1)gt}} \qquad (1-23-1)$$

式中 d_{st}—— 粉尘的斯托克斯粒径，μm；

      h——粉尘溶液在沉降池中的高度，m；

t——沉降时间,s;

η——测量时温度对应的分散液的运动黏度,g/(cm·s);

ρ_1——测量时温度对应的分散液体的真密度,g/cm^3;

ρ_p——粉尘的真密度,g/cm^3;

g——重力加速度,9.8 m/s^2。

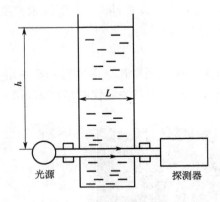

图 1 – 23 – 2　沉降原理

三、实验步骤

(1)用滤纸称取实验用尘粒样 5~10 g,用万分之一天平称重(若实验粉尘较潮,需在 70 ~80 ℃的电烘箱中烘干后称重)。

(2)用 200 目标准筛筛取粉尘,用筛下的粉尘进行粒度分析。

(3)用小勺取少量筛下的粉尘放入桌上的玻璃器皿中。

(4)将无水乙醇瓶中的无水乙醇倒入桌上的量筒中,然后用吸管从量筒中吸取一些无水乙醇滴入盛有粉尘的玻璃器皿中,滴入的无水乙醇要充分淹没粉尘。

在本实验中分散剂采用无水乙醇,在其他实验中选择分散剂时要遵循以下原则。

①液体的密度应小于所测固体颗粒的理论密度。

②粉尘不溶解于液体且不与其发生反应。

③液体的黏度要合适,既不能使实验时间过长,也不能让粗大颗粒沉降太快。

(5)以上准备工作完成后即可进行粒度分布测定工作。

①打开电源开关,仪器显示状态 1(state 1)。

②按 GO 键,使仪器进入状态 2(state 2),然后按 ENT 键,仪器提示输入参数:粉尘真密度 ρ_p、液体真密度 ρ_1、黏度系数 V 和沉降池高度 h。

根据仪器提示,正确输入参数。若参数输入有误,在按 ENT 键之前可按 CLS 键消除,重新输入。若参数输入正确,按 ENT 键加以确认。

参数的确定如下。

粉尘真密度 ρ_p 可以采用真密度测试装置测定。

液体真密度 ρ_1、黏度系数 V 根据实验时的温度查表 1 – 23 – 1。

表 1 - 23 - 1   液体真密度、黏度系数表

温度(℃)	10	11	12	13	14	15	16	17	18
密度(g/cm³)	0.797 9	0.797 1	0.796 2	0.795 4	0.794 5	0.793 7	0.792 9	0.792 0	0.791 2
黏度[g/(cm·s)]	0.014 51	0.014 22	0.013 94	0.013 67	0.013 40	0.013 14	0.012 99	0.012 64	0.012 40
温度(℃)	19	20	21	22	23	24	25	26	27
密度(g/cm³)	0.790 3	0.789 5	0.788 7	0.787 8	0.787 0	0.786 1	0.785 3	0.784 5	0.783 6
黏度[g/(cm·s)]	0.012 17	0.011 94	0.011 72	0.011 50	0.011 29	0.011 09	0.010 88	0.010 69	0.010 50
温度(℃)	28	29	30	31	32	33	34	35	36
密度(g/cm³)	0.782 8	0.781 9	0.781 1	0.780 3	0.779 4	0.778 6	0.777 7	0.776 9	0.776 2
黏度[g/(cm·s)]	0.010 31	0.010 13	0.009 95	0.009 78	0.009 61	0.009 44	0.009 28	0.009 13	0.009 01

沉降池高度以沉降池上的刻度线为准,从低到高依次是 1、2、3、4,液面与刻度线重合时的刻度线值就是沉降池高度 h。

参数输入正确后,仪器显示"OK"。

③用吸管往沉降池中移入适量的无水乙醇,使液面与刻度 4 平齐(实际高于 1 即可);把沉降盒向右旋转 45°,将沉降池放入沉降盒内,然后将沉降盒旋回原位,并确认已将沉降池顶紧,旋转圆盘上的光路对准标志线至与仪器上的标志线重合,即可进行下一步工作。

注:在进行背景值、光密度值的测量时,都应保证沉降池顶紧,旋转圆盘上的光路对准标志线至与仪器上的标志线重合,然后旋转锁定旋钮锁定圆盘。后面不再重复叙述。

④按 GO 键,使仪器进入状态 4(state 4),然后按 ENT 键测出背景值。该值应在 2 500 ~ 3 800,如果超出该范围,可通过调节光强调节旋钮使该值处于该范围。

注:若分散剂用乙酸丁酯,为准确起见,测背景值时应在乙酸丁酯溶液中放入一张空白滤膜,然后将沉降池放入沉降盒;若分散剂用无水乙醇,则无须在分散剂中放空白滤膜。

⑤背景值测定完毕后,取出沉降池,用吸管从沉降池中吸出少量无水乙醇,然后用另一支吸管吸入制备好的粉尘溶液注入沉降池,使沉降池的刻度保持在 4 的位置上,再按 ENT 键,测最大光密度值,仪器显示该值以 100 ± 10 左右为宜,大于 100 时应稀释粉尘溶液,小于 90 时应加粉尘,直到调节到合适为止。

注:a. 溶液浓度变化后,可直接按 ENT 键,重测光密度值,直到合适为止;

b. 每次测定之前都应反复转动圆盘,使粉尘溶液均匀,之后才能测量。

⑥按 GO 键,使仪器进入状态 5(state 5)后,然后按 ENT 键开始测量,此时仪器随时间自动显示时间 t 和光密度值,如图 1 - 23 - 3 所示。

150	80.6

图 1 - 23 - 3   时间和光密度值

注:图 1 - 23 - 3 中 150 为累计测试时间 t,单位为 s,80.6 为光密度值。

⑦当达到所需粒径的测量时间时(按下式计算),按 BRE 键终止测量,仪器自动计算并

显示粒度分布值。

$$t = \frac{18Vh}{(\rho_p - \rho_1)gd^2} \times 10^6 \qquad (1-23-2)$$

式中　d——粉尘粒径, μm;

　　　h——粉尘溶液在沉降池中的高度(注意高度是刻度线值 1、2、3、4);

　　　t——粒径为 d 的粉尘颗粒沉降所需的时间, s;

　　　V——测量时温度对应的分散液的运动黏度, g/(cm·s);

　　　ρ_1——测量时温度对应的分散液的真密度, g/cm³;

　　　ρ_p——粉尘的真密度, g/cm³;

　　　g——重力加速度, 9.8 m/s²。

⑧作平行样时需再次摇动溶液, 然后按 RET 键, 再按 GO 键, 使仪器进入状态 6(state 6), 再按 ANG 键, 仪器又开始测量, 测量完毕后关掉电源。

⑨结果重显:

a. 按 GO 键, 仪器进入状态 1(state 1);

b. 按 RED 键, 仪器提示用户要显示第几次结果, 用户输入次数值后按 ENT 键确认, 仪器自动显示该次粉尘粒度分布结果。

⑩打印:

a. 按 GO 键, 仪器进入状态 1(state 1);

b. 按 P 键, 仪器提示用户要打印第几次结果, 用户输入次数值后按 ENT 键确认, 仪器自动打印该次粉尘粒度分布结果。

⑪注意事项:在第一次进行粒度测试时, 应对仪器数据进行清零, 保证数据存储正确。在状态 1(state1)下按 CLR 键。

四、实验数据处理

粉尘粒度分级实验数据记录见表 1-23-2。

表 1-23-2　粉尘粒度分级实验数据记录表

粒径(μm) \ 次数	<10	10	20	30	40	50	60	80	100	150	>150
1											
2											
平均值											

五、思考题

(1)把粉尘颗粒分级的目的是什么?

(2)粉尘颗粒分级与确定除尘设备的分级效率有何关系?

实验二十四 粉尘真密度测定实验

一、实验目的

（1）掌握用 FC - 1 型粉尘真密度测定装置测定粉尘真密度的方法。

（2）熟悉本实验所用的设备及仪器。

二、实验原理

粉尘是细微固体颗粒的集合体，颗粒之间的间隙充满了空气，在抽真空或脱气的状态下，单位体积的粉尘具有的质量称为粉尘真密度。使用比重瓶可测定粉尘的密度，用液体介质浸没尘样，在真空状态下排出粉尘内部的空气，求出粉尘在密实状态下的体积，然后算出密实状态下单位体积粉尘的质量，即为所求粉尘的真密度（g/cm³），如图 1 - 24 - 1 所示。

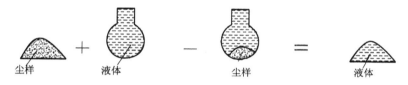

图 1 - 24 - 1 粉尘在真空状态下的体积测试原理

粉尘在真空状态下的体积为

$$\bar{V}_c = \frac{M_s}{\rho_s} = \frac{M_1 + M_c - M_2}{\rho_s} \qquad (1-24-1)$$

粉尘的真密度为

$$\rho_c = \frac{M_c}{V_c} = \frac{M_s \cdot \rho_s}{M_1 + M_c - M_2} \qquad (1-24-2)$$

式中 M_s——排出液体的质量，g；

M_c——粉尘的质量，g；

M_1——比重瓶和液体的质量，g；

M_2——比重瓶和液体、粉尘的质量，g；

ρ_s——实验用液体的密度，g/cm³；

ρ_c——粉尘的真密度，g/cm³；

V_c——粉尘在密实状态下的体积，cm³。

三、实验装置

粉尘真密度测定实验装置如图 1 - 24 - 2 所示。

四、实验方法及数据处理

（1）将洗干净的比重瓶注满浸湿液，用比重瓶瓶塞塞紧瓶口，多余液体从塞子毛细管溢出，用纱布擦干溢出液体。选用的浸湿液以使粉尘全部沉降不浮在液面为宜，煤尘可用无水乙醇，岩尘可用蒸馏水。

（2）用感量≤0.01 g 的天平称比重瓶和浸湿液的质量 M_1。

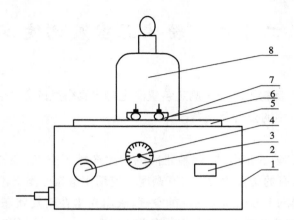

图 1 - 24 - 2　FC - 1 型粉尘真密度测定装置示意
1—装置座;2—标牌;3—真空表;4—真空泵旋钮开关;5—底盘;
6—玻璃盘;7—比重瓶;8—玻璃钟罩

(3)将比重瓶中的浸湿液倒出约 1/2,并用纱布擦干比重瓶的外表面。称装有少量液体的比重瓶的质量,将 4~6 g 被测粉尘倒入装有少量液体的比重瓶中,再称装有液体、粉尘的比重瓶的质量。两次质量差为装入的被测粉尘的质量 M_c。

(4)按(1)~(3)步称量两个以上被测粉尘的质量。

(5)轻轻摇动比重瓶,使粉尘全部沉入浸湿液中。按图 1 - 24 - 2 所示将几个装有被测粉尘的比重瓶放入玻璃盘中,盖上玻璃钟罩。

(6)为了提高密封性能,在玻璃钟罩边缘涂抹真空脂,并旋转钟罩,使其不漏气。按红色按钮启动真空泵,按按钮上的箭头所示方向旋转按钮停止真空泵。当比重瓶中开始冒气泡后,真空泵间歇启动和停止,防止气泡将粉尘和液体冲出,所冒气泡较小且稳定后真空泵才能连续运转。

(7)待比重瓶中停止冒泡后停止真空泵,恢复至常压后取出比重瓶并使其恢复至室温。再按第(1)步将比重瓶重新注满液体,再称粉尘、比重瓶和浸湿液的质量 M_2。

(8)根据式(1 - 24 - 1)及式(1 - 24 - 2)即可计算出 ρ_c(g/cm³)。

注:真空度 >0.09 MPa。

粉尘真密度测定和数据处理计算见表 1 - 24 - 1。

五、思考题

(1)为什么在除尘技术中要测定粉尘的真密度?

(2)怎样提高测定粉尘真密度的准确度?

表 1 – 24 – 1　粉尘真密度测定和数据处理计算

项目	比重瓶加液体重 M_1(g)	尘样重 M_c(g)	比重瓶加液体及尘样重 M_2(g)	排出液体质量 M_s(g)	排出液体体积 V_s(cm³)	尘粒真密度 ρ_s(g/cm³)
1						
2						
平均值						

实验二十五　太阳能光伏发电实验

一、实验目的

(1)掌握太阳能光伏板组件最大功率点的测量。

(2)熟悉本实验所用的设备及仪器。

(3)测量不同发电系统的相关数据。

二、实验原理

使用万用电表测量太阳能光伏板组件的电压和电流,找出最大功率点。

改变照射角度,得到光线在不同入射角度下的发电特性。

太阳能光伏板在阳光的照射下可以产生电能,太阳能光伏板组件是由多块光伏器件组成的,在不同强度光的照射下,在不同的负载下,产生的电能是不同的,通过实验找出相应的规律。

三、实验装置

实验装置如图 1 – 25 – 1 和图 1 – 25 – 2 所示。

图 1 – 25 – 1　实验装置简图

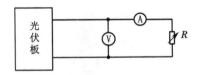

图 1 – 25 – 2　电路连接示意

四、实验方法及数据整理

(1)按图 1 – 25 – 2 连接好太阳能光伏板与测量仪表,调整光伏板组件使光线与之成直角。

（2）改变负载电阻 R，测量电压 U 与电流 I，填写到表 1 – 25 – 1 中。

（3）调整光伏板组件与光线之间的角度。

（4）重复测量，改变负载电阻 R，测量电压 U 与电流 I，填写到表 1 – 25 – 1 中。

表 1 – 25 – 1   太阳能光伏发电实验数据处理计算

项目	垂直方向			角度 =			角度 =		
	电压 U（V）	电流 I（A）	功率 P（W）	电压 U（V）	电流 I（A）	功率 P（W）	电压 U（V）	电流 I（A）	功率 P（W）
1									
2									
3									
4									
5									
6									
7									
8									
9									
10									
最大功率点									

五、观察与分析太阳能发电系统的数据

现场操作离网式太阳能发电系统（图 1 – 25 – 3）、并网式太阳能发电系统（图 1 – 25 – 4），要求了解工作原理、操作与设置参数的方法，观察工作情况。

下载近期（数天）的测试数据，整理出工作曲线（光伏板的电压、电流、功率、发电量），要求以时间为轴。

六、思考题

（1）光线强度发生变化时特性曲线有什么变化？

（2）理解开路电压、短路电流、最大功率点。

（3）光伏组件的温度发生变化时，曲线有何变化？

（4）离网与并网发电系统的区别、优缺点各是什么？

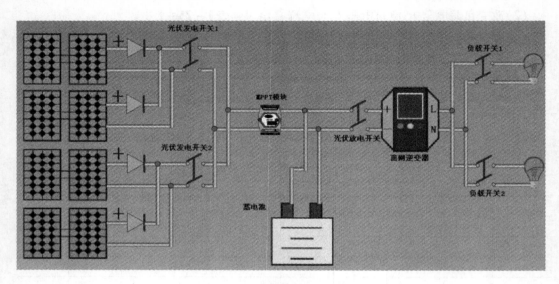

图 1-25-3　离网发电系统工艺示意

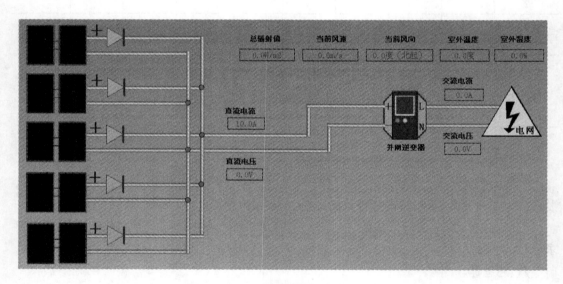

图 1-25-4　并网发电系统工艺示意

实验二十六　太阳能光热利用实验

一、实验目的

(1)掌握太阳能光热系统的原理。

(2)熟悉本实验所用的设备及仪器。

(3)掌握对实验采集到的数据进行分析和计算的方法。

二、实验装置

太阳能光热系统是将太阳能转换成热能并将水加热的装置,该实验装置由玻璃真空管型集热器、蓄热水箱、循环水泵、电加热器、管阀、仪表及采集显示装置组成,原理如图 1-26-1 所示。该实验装置主要采集两部分数据:第一部分是温度、流量,该数据的采集由超声波热量仪负责;第二部分是投射到集热面上的太阳总辐射强度,该数据的采集由 SPLITE 总辐射表负责。数据通过 485 总线传至电脑中,供分析和计算用。

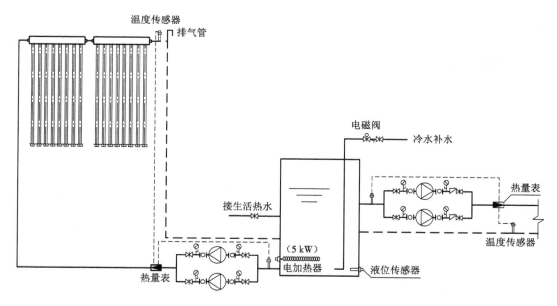

图 1-26-1　太阳能光热系统原理图

当液位传感器检测到水位低于设定水位时电磁阀开启,当水位达到设定水位时电磁阀关闭。在天气状况不好的时候或快速加热介质水的时候辅助电加热器启动。该装置可用于采暖、提供生活热水及低温发电等。

三、实验原理

该太阳能光热系统为开式强制循环式热水系统,太阳辐射热加热太阳能集热器中的介质水,被加热的介质水通过循环泵进入蓄热水箱内,蓄热水箱内温度低的介质水再被循环泵注入太阳能集热器中,如此往复循环,经过一定的时间蓄热水箱内的介质水会被加热到所设定的温度。

　　在集热器的出口设有温度传感器,采集集热器出口介质水的温度 T_1;在蓄热水箱的出口设有温度传感器,采集水箱内介质水的温度 T_2;在循环水泵出口的水管上装有流量计,可测出循环水量 G。则由下式可计算出介质水的得热量:

$$Q_1 = \int CG\Delta T \tag{1-26-1}$$

式中　　Q_1——介质水的得热量,kJ;

　　　　C——介质水的比热,取 4.2 kJ/(kg·℃);

　　　　ΔT——介质水的温差,$\Delta T = T_2 - T_1$,℃。

　　入射到集热器表面的太阳辐射得热量 Q_2 可由下式计算:

$$Q_2 = A_c \int G_T \mathrm{d}t \tag{1-26-2}$$

式中　　Q_2——太阳辐射得热量,kJ;

　　　　A_c——集热器的面积,m^2;

　　　　G_T——太阳辐照度,kW/m^2。

　　集热器的集热效率

$$\eta = Q_1/Q_2 \tag{1-26-3}$$

四、实验方法及数据处理

(1)在实验前通过手动调节补水阀给蓄热水箱充入一定量的水。

(2)手动开启循环水泵试运行,检查管路是否有损坏或漏水。

(3)将太阳能热水采集系统和气象采集系统打开,系统自动投入运行,在运行过程中系统会自动记录实验的相关数据。

(4)对相关的实验数据进行分析:

①太阳辐照度变化图,太阳辐射强度与集热器得到的热量的关系及时间迟滞;

②集热器瞬时效率与集热介质的温度变化图;

③集热介质流量的变化对集热器效率的影响;

④环境温度和风力对集热器效率的影响;

⑤蓄热水箱内水温高低对集热器效率的影响。

五、思考题

(1)该太阳能光热系统哪些方面不够合理,可以改进。

(2)在天津地区用太阳能采暖,从技术和经济的角度分析是否可行。

实验二十七　风机性能与变频调节实验

一、实验目的

（1）掌握离心风机主要性能参数的测量。

（2）熟悉本实验所用的仪器的使用。

（3）掌握变频器的操作与使用。

（4）测量不同转速下的相关数据。

二、实验内容

在不同转速下，改变风阀调节风量，测量风机相关参数，了解风机的性能。

三、实验装置

实验装置如图1-27-1所示。

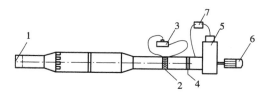

图1-27-1　风机性能与变频调节实验装置

1—空气入口；2—流量孔板；3—微压计（风量）；4—插板阀；

5—风机；6—变频电机（包含变频控制柜）；7—微压计（风机压差）

四、实验方法及数据处理

调节变频器使风机在要求的转速下运行，改变风阀调节风量，测量风量、压差、有功功率、无功功率，将数据填写到表1-27-1中。

表1-27-1　实验数据

	10 Hz				20 Hz				30 Hz			
	风量	压差	有功功率	无功功率	风量	压差	有功功率	无功功率	风量	压差	有功功率	无功功率
1												
2												
3												
4												
5												
6												
7												
8												

续表

	40 Hz				50 Hz				工频			
	风量	压差	有功功率	无功功率	风量	压差	有功功率	无功功率	风量	压差	有功功率	无功功率
1												
2												
3												
4												
5												
6												
7												
8												

根据上表中的实验数据,绘出不同转速(变频与工频)下的风压性能曲线图,确定流量与功率的关系。对比数据与所绘制的曲线能得到哪些结论?

五、思考题

(1)分析工频下流量、压头与功率的关系。

(2)分析变频不同转速下流量、压头与功率的关系。

(3)分析变频下风机节能的原理。变频运行与工频运行时能耗的比较。

(4)对比各种情况下的有功功率和无功功率,能得到什么启示?

(5)实验对风机的选型、运行调节有哪些帮助?

实验二十八   风机并联性能实验

一、实验目的

（1）掌握离心风机主要性能参数的测量。

（2）熟悉本实验所用的仪器的使用。

（3）测量不同阻力下的相关数据。

（4）了解风机并联后特性的改变情况。

二、实验内容

处于单台风机，在工作情况下改变风阀调整风量（模拟系统阻力），测量风机相关参数，了解风机的性能。测量并联后风机参数的改变，了解风机并联后的综合特性。

三、实验装置

实验装置如图 1 - 28 - 1 所示。

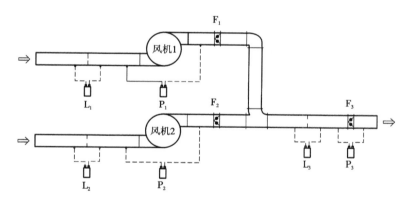

图 1 - 28 - 1   风机并联性能实验装置

L_1，L_2，L_3—测流量孔板；P_1，P_2，P_3—微压计；F_1，F_2，F_3—风阀

四、实验方法及数据处理

关闭风机 2 的 F_2，打开风机 1 的 F_1，调节 F_3 的开启度，依次测量出 L_1，L_3，P_1，P_3。根据数据得到风机 1 的特性曲线。同理，关闭风机 1 的 F_1，打开风机 2 的 F_2，调节 F_3 的开启度，依次测量出 L_2，L_3，P_2，P_3。根据数据得到风机 2 的特性曲线。

两台风机并联测试：打开风机 1 的 F_1，打开风机 2 的 F_2，调节 F_3 的开启度，依次测量出 L_1，L_2，L_3，P_1，P_2，P_3。根据数据得到风机并联的特性曲线。

在测量数据的同时要测量风机的有功功率、无功功率。

将数据填写到表 1 - 28 - 1 中。

表 1 - 28 - 1　　风机并联性能实验数据表

	风机 1				风机 2				总风道	
	风量	压差	有功功率	无功功率	风量	压差	有功功率	无功功率	风量	压差
1										
2										
3										
4										
5										
6										
7										
8										

　　根据上表中的实验数据绘出不同阻力下的风压性能曲线图,确定流量与功率的关系。对比数据与所绘制的曲线能得到哪些结论?

五、思考题

（1）分析单台风机压头与流量的关系。

（2）分析风机并联后压头与流量的关系。

（3）比较不同工作状态下能耗。

（4）并联后的总风量小于两台风机单独运行的风量之和,能得到什么启示?

（5）在什么情况下并联后的总风量小于其中一台风机单独运行的风量? 能得到什么启示?（提示:参数相差比较大的风机并联）

实验二十九　硅胶转轮与高温热泵耦合机组除湿实验

一、实验目的

(1)掌握硅胶转轮与高温热泵耦合机组的工作原理。

(2)熟悉转轮除湿的各个影响因素,掌握再生空气温度对转轮除湿量与除湿效率的影响。

(3)掌握测量空气湿度的方法。

二、实验原理

图 1 – 29 – 1 是转轮除湿示意图,转轮上布满蜂窝状的流道,气体流过流道时,与流道壁进行热湿交换,流道壁基体上附着有固体吸湿剂,它被空气所冷却时,对应的水蒸气分压变得小于被处理空气的水蒸气分压,空气中的水蒸气被吸附到吸湿剂中,与此同时,转轮本身的显热和吸附产生的吸附热使空气温度升高。随着转轮的旋转,吸附剂的吸湿量逐渐趋于饱和,当达到饱和的流道旋转到再生区时,具有较高热能的再生空气流过,使含有固体吸湿剂的流道壁受热,对应的水蒸气分压大于再生空气的水蒸气分压,将吸湿剂中的水分驱离出来,随着转轮的旋转和脱附的进行,蜂窝状的吸湿剂流道恢复了吸湿能力,又被旋转到除湿区,周而复始,反复进行。

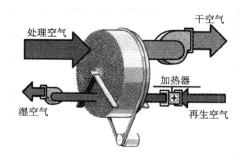

图 1 – 29 – 1　转轮除湿示意

三、实验装置

(一)系统组成

图 1 – 29 – 2 是硅胶转轮与高温热泵耦合机组示意图,主要设备包括除湿转轮、高温热泵系统(蒸发器、冷凝器、手动膨胀阀和压缩机)、加热加湿装置和风机。蒸发器、冷凝器和转轮固定在空调箱体内,压缩机及附属装置外设。加热装置采用电阻丝制备,固定在风道中,通过调压器调节加热量。加湿装置是电极式加湿器,可根据需要自动调节加湿量。

加热加湿装置用来模拟不同的室内外工况下,空调系统处理空气和高温热泵冷凝器空气的进口参数。

(二)实验流程

除湿流程:一定的室外新风(W)与大量的室内回风(N)混合(C)后,通过除湿转轮进行

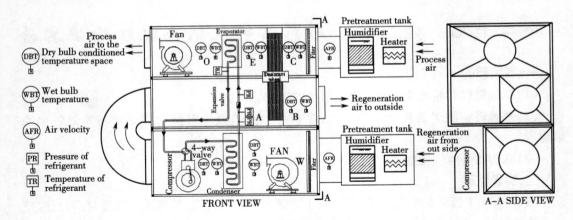

图 1-29-2　实验装置示意

吸附除湿处理,除湿后处理空气(E)的温度升高,经热泵蒸发器冷却(O)后送入室内。通过控制热泵的放热量调节空气温度,使送风温度达到舒适水平。

再生流程:室外新风(W)经热泵冷凝器加热到要求的再生温度(A),流过除湿转轮对吸附剂进行再生,再生空气中含有大量的显热和潜热(B)。

(三)测量装置

(1)温度测量:采用干湿球法测量空气温度,铂电阻分度号为 Pt100,测温范围为 -200 ~500 ℃,利用恒温水浴进行标定,标定范围为 0~85 ℃,经校核后标准差为 0.08~0.1。

(2)风速测量:采用热线风速仪测量处理空气和再生空气的风速,精度为 ±2%。为使测得的风速尽可能接近真实值,在同一截面上均匀地选取几个不同的测点进行测量,将其平均值作为测得的风速。根据风速和风道截面大小,经过数学计算得到风量。

(3)压力测量:对于热泵系统,利用压力表对压缩机进出口工质的压力进行测量,压力表精度等级为 1.6。

四、实验方法及数据处理

(一)标准工况下转轮除湿量和除湿效率的测定

1. 标准工况

处理空气温度 30 ℃,相对湿度 70%,风量 300 m³/h;再生空气温度 60 ℃,风量 100 m³/h。

2. 工况调节方法

(1)打开总电源,在总电箱中打开离心风机(处理风机)和轴流风机(冷凝风机)开关。利用变频器手动调节离心风机风量,利用变压器调节轴流风机风量,使处理空气流量和冷凝空气流量分别为 300 m³/h 和 100 m³/h。

(2)在总电箱中打开加热器开关,在总电箱主板上打开三个温控器开关,使处理空气温度和再生空气温度分别为 30 ℃ 和 60 ℃。

(3)打开总电箱中的加湿器开关,调节加湿器(自带湿度传感器),使处理空气相对湿度为 70%。

(4)打开高温热泵电箱开关,在实验过程中不断调节膨胀阀,使蒸发器出口空气温度为

20 ℃。

3. 数据记录与处理

待系统运行稳定后，记录数据采集系统显示的数据，计算转轮的除湿量和除湿效率。

1）除湿量（MRC）

除湿量反映了转轮在单位时间内从处理空气中除去的水分的总量，是评价转轮除湿性能的一个最常用的和重要的指标，除湿量越大说明转轮的除湿性能越好，可采用下式计算：

$$\mathrm{MRC} = M_{\mathrm{proc}}(\omega_{\mathrm{C}} - \omega_{\mathrm{E}})$$

式中　M_{proc}——处理空气的质量流量，kg/h；

ω_{C}，ω_{E}——处理空气的进出口含湿量，g/kg。

2）除湿效率（η_{deh}）

除湿效率反映了处理空气经过转轮后绝对含湿量的变化率，一般而言，除湿效率越高说明转轮的除湿性能越好。

$$\eta_{\mathrm{deh}} = \frac{\omega_{\mathrm{C}} - \omega_{\mathrm{E}}}{\omega_{\mathrm{C}} - \omega_{\mathrm{E,ideal}}}$$

式中　$\omega_{\mathrm{E,ideal}}$——转轮处理侧出口空气的理想状态。

如果 $\omega_{\mathrm{E,ideal}}$ 等于零，说明处理空气中的水分被转轮完全去除，但这是个理想状态，在实际应用过程中不可能实现。

（二）再生温度对转轮除湿性能的影响

在标准工况的基础上，改变转轮的再生空气温度为 70 ℃，待系统运行稳定后，重新记录转轮的除湿数据，计算转轮的除湿量和除湿效率。

五、思考题

（1）空气湿度测量选择测点时应考虑哪些因素？

（2）再生空气温度对转轮的除湿量有什么影响？

实验三十　气流组织实验

一、实验目的

(1)通过本实验使学生了解空调房间气流的特性,特别是空调房间气流的脉动情况和流速分布情况。

(2)了解热敏电阻、风速探头的特性,学会使用热线风速计的方法,通过对测试结果进行归纳统计了解空调房间气流组织流场的分布情况,了解空调房间气流组织的原理。

二、实验原理

空调房间工作区的气流速度一般在0.1~0.5 m/s,而且在数值上和方向上都随时间不断地呈现波动的变化。平常所说的某一流速值只不过是一波动速度的平均值。如果要详细了解送风口周围从中心到四周由近及远的空间气流流速的分布情况,需按照规定在风口周围布置多个测点逐一测量实时风速。本实验的空调房间风口布置情况如图1-30-1所示。

测试位置断面测点分布情况如图1-30-2所示。

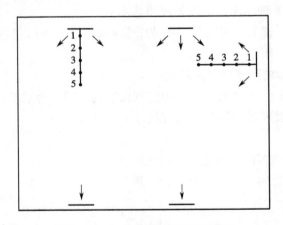

图1-30-1　空调房间风口布置图

三、实验步骤及数据处理

(1)熟悉本实验装置,调试热线风速计,确认其正常工作,熟悉空调房间送、回风口的设置情况。

(2)观察送风口1并按照测点布置图进行测点布置,包括位置1的周边测点、位置2的周边测点、位置3的周边测点、位置4的周边测点和位置5的周边测点。位置1、位置2、位置3、位置4以及位置5之间的间距要根据实际的送风口出口风速自行确定。某一位置的空间测点之间的间距也由测试者根据实际情况选取。

(3)按照(2)中的方法观察送风口2并按照测点布置图进行测点布置。

(4)打开风机,调整到较高风速(具体风速值根据实际情况确定)。

(5)根据步骤(2)和步骤(3)布置的测点位置使用热线风速计测定风速并记录。

(6)调整风阀,调整到较低风速(具体风速值根据实际情况确定)。

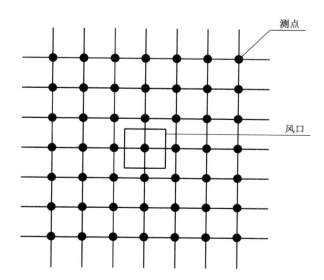

图 1 - 30 - 2　测试位置断面测点分布图

（7）根据步骤（2）和步骤（3）布置的测点位置使用热线风速计测定风速并记录。

（8）风速记录表见表 1 - 30 - 1 和表 1 - 30 - 2。

表 1 - 30 - 1　高送风速度测点风速记录表

送风速度（m/s）					
断面位置	1	2	3	4	5
测点 1 风速（m/s）					
测点 2 风速（m/s）					
测点 3 风速（m/s）					
测点 4 风速（m/s）					
测点 5 风速（m/s）					
测点 6 风速（m/s）					
测点 7 风速（m/s）					
测点 8 风速（m/s）					
测点 9 风速（m/s）					
测点 10 风速（m/s）					
测点 11 风速（m/s）					
测点 12 风速（m/s）					
测点 13 风速（m/s）					
测点 14 风速（m/s）					
测点 15 风速（m/s）					
测点 16 风速（m/s）					
测点 17 风速（m/s）					

测点 18 风速(m/s)					
测点 19 风速(m/s)					
测点 20 风速(m/s)					
测点 21 风速(m/s)					
测点 22 风速(m/s)					
测点 23 风速(m/s)					
测点 24 风速(m/s)					
测点 25 风速(m/s)					
测点 26 风速(m/s)					
测点 27 风速(m/s)					
测点 28 风速(m/s)					
测点 29 风速(m/s)					
测点 30 风速(m/s)					
测点 31 风速(m/s)					
测点 32 风速(m/s)					
测点 33 风速(m/s)					
测点 34 风速(m/s)					
测点 35 风速(m/s)					
测点 36 风速(m/s)					
测点 37 风速(m/s)					
测点 38 风速(m/s)					
测点 39 风速(m/s)					
测点 40 风速(m/s)					
测点 41 风速(m/s)					
测点 42 风速(m/s)					
测点 43 风速(m/s)					
测点 44 风速(m/s)					
测点 45 风速(m/s)					
测点 46 风速(m/s)					
测点 47 风速(m/s)					
测点 48 风速(m/s)					
测点 49 风速(m/s)					

表 1-30-2 低送风速度测点风速记录表

送风速度(m/s)					
断面位置	1	2	3	4	5
测点 1 风速(m/s)					

续表

测点 2 风速（m/s）				
测点 3 风速（m/s）				
测点 4 风速（m/s）				
测点 5 风速（m/s）				
测点 6 风速（m/s）				
测点 7 风速（m/s）				
测点 8 风速（m/s）				
测点 9 风速（m/s）				
测点 10 风速（m/s）				
测点 11 风速（m/s）				
测点 12 风速（m/s）				
测点 13 风速（m/s）				
测点 14 风速（m/s）				
测点 15 风速（m/s）				
测点 16 风速（m/s）				
测点 17 风速（m/s）				
测点 18 风速（m/s）				
测点 19 风速（m/s）				
测点 20 风速（m/s）				
测点 21 风速（m/s）				
测点 22 风速（m/s）				
测点 23 风速（m/s）				
测点 24 风速（m/s）				
测点 25 风速（m/s）				
测点 26 风速（m/s）				
测点 27 风速（m/s）				
测点 28 风速（m/s）				
测点 29 风速（m/s）				
测点 30 风速（m/s）				
测点 31 风速（m/s）				
测点 32 风速（m/s）				
测点 33 风速（m/s）				
测点 34 风速（m/s）				
测点 35 风速（m/s）				
测点 36 风速（m/s）				
测点 37 风速（m/s）				
测点 38 风速（m/s）				

测点 39 风速(m/s)				
测点 40 风速(m/s)				
测点 41 风速(m/s)				
测点 42 风速(m/s)				
测点 43 风速(m/s)				
测点 44 风速(m/s)				
测点 45 风速(m/s)				
测点 46 风速(m/s)				
测点 47 风速(m/s)				
测点 48 风速(m/s)				
测点 49 风速(m/s)				

(9)根据记录表中记录的风速值,按照测试时的测点位置进行测试图的回归,画各测试断面的风速分布图。

四、思考题

(1)在实际的空调房间进行房间气流组织风速测点的选取时需要考虑或者说避免哪些问题?为什么?

(2)具体测试位置(相对于送风口的位置)与测点间距的选取应基于哪些因素决定?

(3)对测试结果进行统计分析并且绘成流场图后与理想的流场分布是否符合?原因是什么?

实验三十一 人工环境仓测试空调机组实验

一、实验目的

(1)掌握人工环境仓的性能参数。

(2)熟悉本实验所用的仪器的使用。

(3)掌握人工环境仓的操作与使用。

(4)测量不同设备的相关数据。

二、实验内容

在人工环境仓的不同工作温度下,测量被测空调机组的各项参数,并计算出该机组的性能指标。

三、实验装置

实验装置如图 1 – 31 – 1 所示。

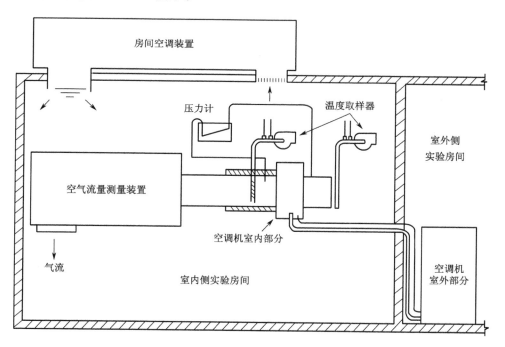

图 1 – 31 – 1 人工环境仓与被测机组实验装置

四、实验方法及数据整理

系统稳定 3 h 后,每隔 10 min 测量一次参数,将数据填写到表 1 – 31 – 1 中。

表 1 - 31 - 1　被测机组测量数据表

序号	参数	单位	1	2	3	4	5	6
1	室内温度							
2	室外温度							
3	输入空调机的功率							
4	进入空调机空气的干球温度							
5	进入空调机空气的湿球温度							
6	离开空调机空气的干球温度							
7	离开空调机空气的湿球温度							
8	空气流量							
9	蒸发器入口制冷剂温度							
10	蒸发器出口制冷剂温度							
11	制冷剂流量							
12	凝结水流量							

根据上表中的实验数据,参考《单元式空气调节机》(GB/T 17758—2010)计算出空调机组的制冷量、室外部分的散热量、COP 值。

五、思考题

(1)调高室外机房的温度,室内机的制冷量将发生什么改变? COP 值有什么变化?

(2)为什么要测量凝结水量?

(3)如果机组以冬季热泵方式运行,测试有什么变化?

(4)人工环境仓还能测试什么设备?

(5)将人工环境仓中间的隔墙改为被测墙体或窗体,设计一个测试方案。

第二部分:常用仪器设备说明

仪器设备一　马弗炉

一、智能一体马弗炉简介

　　智能一体马弗炉集控制系统与炉膛于一体,采用可靠的集成化电路,工作环境好,抗干扰,大大改善了工作环境。采用微电脑程序控制,可编程序曲线,全自动升温/降温,运行中可以修改控温参数及程序,灵活方便、操作简单。采用硅钼棒、硅碳棒或电炉丝为加热元件,是专为高等院校、科研院所进行实验及工矿企业对金属、非金属及其他化合物材料进行烧结、融化、分析而研制的专用设备。控制面板配有智能温度调节仪,控制电源开关,主加热工作/停止按钮,电压、电流指示,以便随时观察系统的工作状态。

　　电炉的原理:热电偶将炉温转变成电压信号,加在微电脑温度控制调节仪上;调节仪将此信号与程控设定相比较,输出一个可调信号;用可调信号控制触发器,再由触发器触发调压器,达到调节电炉电压和电炉温度的目的。

二、开箱安装及电源线连接方法

　　(1)炉子使用前必须进行外观检查,查看炉体是否损坏、变形,炉门关闭是否到位;发热元件有无机械损伤;各电器元件是否完好,接线是否正确牢靠,接地是否良好。对发现的问题应及时解决。

　　(2)设备放置地点应选择空气流通,无震动,无易燃、易爆气体或高粉尘的场所。

　　(3)使用与所采购设备相匹配的工作电源电压。加装与炉体工作电流相匹配的空气开关,可靠连接接地保护线,切勿将高电压引入,以免引起仪表及控制线路损坏,不用时关闭电源。

　　(4)将热电偶从炉体后、炉体上固定座的小孔中插入炉膛,并固定于固定座上,按热电偶正负极性的要求连接(红线接 + ,黑线或绿线接 -),热电偶插入炉体后要在炉膛内部能看到 2 ~ 5 cm。不可将热电偶的正负极接反,否则无法进行测温和自动控制。

　　(5)接电源时注意相序,A 火线、B 火线、C 火线、N 零线、外壳接地。如在接线时只有 A、B、N 线号,A/B 接火线(380 V),N 接零线。

　　(6)安装完毕应通电试机。

　　(7)烘炉,初次使用或长期不用时,正式开炉前必须按要求进行烘炉。烘炉工艺如下:室温至 150 ℃保温 1 h,800 ℃保温 3 h,以免造成炉膛开裂,炉温不得超过额定温度,以免损坏加热元件及炉衬。

三、电炉启动操作

　　(1)经各项外观检查无问题,并且按要求烘炉后,方可正式开炉工作。

（2）根据工艺要求设定温控仪表的程序曲线（如何设定参数见仪表说明书）和超温报警值。

（3）按下温控仪表的启动键后，将旋钮开关打到加热的位置，炉子自动按设定好的程序工作。

四、安装与操作

接通电源（两相 380 V，火线 A 和零线 N 要分清）后先按炉子上的电源键（绿色）。

（1）仪表上行显示室温（PV 代表实际温度，也就是炉膛的温度），仪表下行显示 0（SV 代表设定温度）。

（2）按 SET 键（最左边的一个）显示 OUT1（代表输出百分比）已调好。

（3）再按 SET 键显示 AT（代表 PID 自整定，出厂时已调整好）。

（4）再按 SET 键显示 AL1（代表上限报警，是 800 度）。

（5）再按 SET 键显示 PTN（代表程序组选择，一般选择第一段）已调好。

（6）再按 SET 键显示 SEG（代表当前运行到第几组第几段）已调好。

（7）再按 SET 键显示 TIOR（代表当前还剩多长时间）已调好。

（8）再按 SET 键显示 SY－1（代表第一段的温度，可以用移位键和加键或减键调节所需要的温度）。

（9）再按 SET 键显示 TO－1（代表第一段的时间，也就是说想多长时间升到 SY－1 所设的温度，可以用移位键和加键或减键调节所需要的时间，注意中间有一个小数点，小数点左边单位为小时，右边为分钟）。

再按 SET 键显示 OUT1（代表第一段的输出百分比，一般都调为 100.00，意思是百分比没有限制）。

（10）之后是 SY－2、TO－2、OUT2，和第一段意思相同，只不过这是第二段，后面的 1 改为 2 了。第三段会改为 3，依次类推。

（11）注意如果设置到第 5 段程序就结束了，意味着 5 段就已经够用了。那么第 6 段的 SY－6、TO－6、OUT6 必须都清零，这样仪表才会自动终止。（如果误进入别的参数，请勿乱改，关掉电源，等数秒钟再打开，然后按加热键（红色））

（12）关机，仪表走到最后程序会自动停止，再按一下红色的停止键就可以了。

（13）仪表最右边是加键也是仪表启动键，从右边数第二个是减键，第三个是移位键，第四个是手动、自动切换键，第五个是设置键，最后按仪表上键启动，等最右边的 PRO 灯亮的时候放开。

（14）注意：在仪表编升温曲线时修改数字，按移位键可修改，如果没有按移位键，按上键仪表就会启动 PRO 闪烁，马上把仪表关机，按住下键不要放开再按 SET 键仪表就关机了。

（15）一般在自动程序结束后，仪表会自动终止。如果在升温的过程中想终止程序，就按住减键不放，并马上用另一只手按下设置键（SET 键）至仪表下行（SV）显示 0（表示仪表关机）放开。

（16）仪表具体的操作过程如仪表设置图 2－1－1 所示。

图 2 - 1 - 1　仪表设置图

五、电炉注意事项

发热元件更换步骤如下。

（1）将发热元件小心取出，把发热元件的支撑木块拿掉，如图 2 - 1 - 2 所示。

（2）把发热元件小心插入棒塞，如图 2 - 1 - 3 所示。

（3）将不锈钢 C 形卡具与 U 形磁块合成，如图 2 - 1 - 4 所示。

图 2 - 1 - 2　发热元件更换步骤 1

图 2 - 1 - 3　发热元件更换步骤 2

图 2 - 1 - 4　发热元件更换步骤 3

（4）用扳手紧固（不要太用力），如图 2 - 1 - 5 所示。

（5）将棒塞和棒卡安装好，如图 2 - 1 - 6 所示。

图 2 - 1 - 5　发热元件更换步骤 4

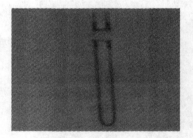

图 2 - 1 - 6　发热元件更换步骤 5

（6）放入炉顶放置发热元件的孔内，如图 2 - 1 - 7 所示。

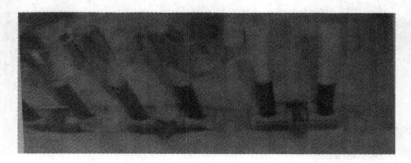

图 2 - 1 - 7　发热元件更换步骤 6

（7）将导电片连接好，使用涨钳把导电卡安装上（内用力），如图 2 - 1 - 8 所示。

（8）使安装好的发热元件与其他发热元件距炉底尺寸一致，如图 2 - 1 - 9 所示。

（9）发热元件连接方式，如图 2 - 1 - 10 所示。钼棒一般为串联，碳棒一般为串并联。

（10）硅碳棒的更换除夹具略有不同，安装方式基本一样。个别元件由于某种原因损坏

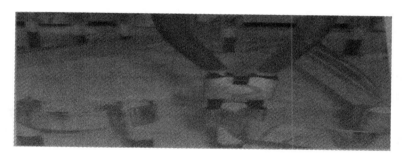

图 2 - 1 - 8　发热元件更换步骤 7

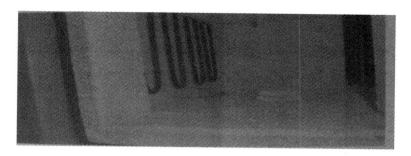

图 2 - 1 - 9　发热元件更换步骤 8

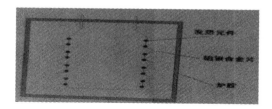

图 2 - 1 - 10　发热元件更换步骤 9

需更换时,要根据当时其他元件阻值的增长情况,补选阻值适宜的元件或整体更换。

快熔及保险安装的注意事项如下。

快熔及保险要关闭总电源进行更换,型号见技术指标。更换位置微电脑控制仪后再启动电炉的时候,一定要在仪表关机的时候按加热键。电炉降温一定要降到 500 ℃以下再拔掉电源。仪表的参数不要乱改,以防电炉不能正常运行。炉门要轻关轻拉。

六、常见问题

(1)电炉不加热:检查电源和电炉内部的保险。

(2)有电压无电流:发热元件损坏。

(3)温度不受控制:MAN 手动指示灯是否亮(正常不亮)。

(4)仪表显示 END,启动不了:表示运行结束,再运行要将仪表关机后再启动。

(5)仪表显示 nnn1:热电偶损坏或者室温过低。使用电炉时,炉温不得超过额定温度,以免损坏加热元件,并禁止向炉膛内直接灌注各种液体及溶解金属。经常清除炉膛内的铁屑氧化物,以保持炉膛的清洁。

(6)定期检查电炉、温度控制器、导电系统的各连接部分接触是否良好。

(7)本系列电阻炉适用于下列工作条件:

①海拔不超过 1 000 m;

②环境温度在 5~40 ℃;

③最湿月平均最大相对湿度不大于 90% ,同时该月的月平均最低温度不高于 25 ℃;

④电炉周围没有导电尘埃、爆炸性气体及能严重破坏金属和绝缘的腐蚀性气体;

⑤没有明显的震动和颠簸。

仪器设备二　干燥箱

干燥箱用于物品的干燥和干热灭菌,恒温箱用于微生物和生物材料的培养。这两种仪器的结构和使用方法相似,干燥箱的使用温度范围为 $50 \sim 250 \, ℃$,常用鼓风式电热元件加速升温。恒温箱的最高工作温度为 $60 \, ℃$。

一、使用方法

(1)将温度计插入座内(在箱顶放气调节器中部)。

(2)把电源插头插入电源插座。

(3)将电热丝分组开关转到 1 或 2 位置上(视所需温度而定),此时可开启鼓风机促进热空气对流。电热丝分组开关开启后,红色指示灯亮。

(4)注意观察温度计。当温度计的温度将要达到需要的温度时,调节自动控温旋钮,使绿色指示灯正好发亮,10 min 后再观察温度计和指示灯,如果温度计所示温度超过需要的温度,红色指示灯仍亮,则将自动控温旋钮略沿逆反时针方向旋转,一直调到温度恒定在要求的温度上且指示灯轮番显示红色和绿色为止。自动恒温器旋钮在箱体正面左上方。它的刻度板不能作为温度标准指示,只能作为调节用的标记。

(5)在恒温过程中,如不需要三组电热丝同时发热,可仅开启一组电热丝。电热丝开启组数越多,温度上升越快。

(6)工作一定时间后,可开启顶部中央的放气调节器将潮气排出,也可以开启鼓风机。

(7)使用完毕后将电热丝分组开关全部关闭,并将自动恒温器的旋钮沿逆时针方向旋至零位。

(8)将电源插头拔下。

二、注意事项

(1)使用前检查电源,地线要良好接地。

(2)干燥箱无防爆设备,切勿将易燃物品及挥发性物品放入箱内加热。箱体附近不可放置易燃物品。

(3)箱内应保持清洁,放物网不得有锈,否则将影响玻璃器皿的清洁度。

(4)使用时应定时监控,以免温度升降影响使用效果或造成事故。

(5)鼓风机的电动机轴应每半年加一次油。

(6)切勿拧动箱内的感温器,放物品时要避免碰撞感温器,否则温度会不稳定。

(7)检修时应切断电源。

仪器设备三 赛多利斯万分之一分析天平

一、赛多利斯简介

Sartorius 成立于 1870 年,至今已有 147 年的历史。多年以来,Sartorius 一直走在称重技术的最前沿。1870 年,Sartorius 首先用铝制造了第一台减震天平;1971 年,Sartorius 生产了精度为 0.01 μg(一亿分之一克)的天平,创造了吉尼斯世界纪录;1975 年,Sartorius 率先将微处理技术应用于天平,该项目被评为世界 100 个最有价值的研究成果之一。可以说,Sartorius 代表了当今称重技术的最高境界。目前,Sartorius 的产品遍布世界各地,获得了很高的声誉。从居里夫人实验室到美国宇航局,从中国国家计量院的基准天平到北京大学的国际奥林匹克化学竞赛天平,无一不凝结了 Sartorius 对高科技发展和社会进步的期盼与贡献。

一台电子天平,其核心技术体现在两方面:一是传感器,二是电子技术。在传感器方面,Sartorius 1998 年开发研制了超级单体传感器(Monolithic),它由铝合金材料在加工中心上一次加工成型,一致性好,克服了传统传感器由多个组件装配而成,各分立组件膨胀系数不一致的缺陷,从而使天平的分度数达到 2.1×10^7。另外,Monolithic 与其他厂家类似的传感器 Monobloc 相比,具有表面粗糙度高、结构简洁、四角误差可调等优点。在电子技术方面,1990 年 Sartorius 将具有层状结构的 40 MHz 高速微处理器 MC1 技术应用于电子天平,使天平的反应时间缩短为 2 s。另外,Sartorius 不断开发和完善面向应用的软件包,使 Sartorius 天平除具有零件计数、百分比称重、动物称重、净重总重转换、称量单位转换等基本功能外,一些产品系列还将密度测定、称重结果公式计算、定时控制、统计等作为标准功能,并且带有由简单的英文和图形组成的简单易读的操作指南,天平通过 RS – 232 接口连接打印机或计算机后可以输出符合药物实验室管理规范(Good Laboratory Practice,GLP)或药物生产质量管理规范(Good Manufacturing Practice,GMP)要求的结果,使用户能够更轻松地完成实验室称重的各项工作。所有这些先进技术的应用保证了 Sartorius 各系列天平均优于其他品牌的产品。"更精确,更快捷,更方便"是 Sartorius 不懈追求的目标。由于 Sartorius 在国际、国内长年极佳的声誉,中国国家技术监督局在申请形式批准时对 Sartorius 免作样机试验,Sartorius 是目前唯一一家获得这种待遇的公司,体现了对 Sartorius 天平的极大信任。

北京赛多利斯仪器系统有限公司(原名北京赛多利斯天平有限公司)是 Sartorius 集团在德国本土以外投资建立的唯一一家生产型公司。自 1995 年成立以来,它在产品技术上一直与 Sartorius AG 保持同步。北京赛多利斯引进的 BP 系列天平是 Sartorius 20 世纪 90 年代的最新产品,Sartorius AG 也一直在生产,该系列在世界各地得到了用户广泛的好评;1998 年,北京赛多利斯与 Sartorius AG 同步推出 BL 系列天平,并将同年开发研制的单体传感器应用到 BP211D 上;1999 年,Sartorius AG 又为中国用户量身定做,专门组织技术人员设计开发了 BS 系列天平,在北京赛多利斯组装,供应国内市场。从以上事实中不难看出,Sartorius 集团十分重视中国的市场,希望能为中国的广大用户提供最新、最强的技术和产品。这与某些世界知名厂家以 20 世纪 70 年代的淘汰产品供应中国市场的态度有根本的不同。

二、电子天平原理

电子天平的中心组件是传感器。赛多利斯电子天平的传感器分为应变片式和电磁力式两大类。下面分别介绍这两类传感器的原理。

(一)应变片式传感器

如图 2 - 3 - 1 所示,当秤盘 3 空载时,应变片 6 ~ 9 的阻值相同,U_0 通过桥式电路输入放大器的电压为零。当秤盘上有负载时,应变片 6 和 9 被拉伸,阻值增大;而应变片 7 和 8 受压,阻值减小。这样,经过桥式电路后有一个微小电压输入放大器。这一数值经放大、微处理器处理后显示出来,即被称物体的质量。

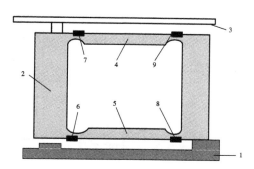

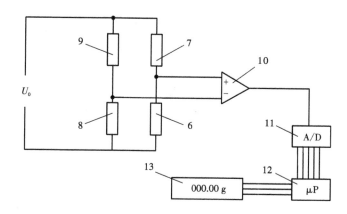

图 2 - 3 - 1　应变片式传感器原理图

1—基座;2—承重机构;3—秤盘;4、5—导杆;6 ~ 9—应变片;10—放大器;
11—模数转换器;12—微处理器;13—数字显示器

(二)电磁力式传感器

通电导体在磁场中做切割磁力线的运动将产生电磁力(洛伦兹力):

$$F = IBL\sin \alpha$$

式中　F——电磁力,N;

　　　I——电流强度,A;

　　　B——磁感应强度,Wb/m^2;

L——导体垂直于磁感线的长度,m;

α——I 与 B 的夹角,°。

在图 2 - 3 - 2 中,通电线圈 5 在永磁铁 6 的磁场中做切割磁力线的运动将产生电磁力。位置传感器 7 采集由秤盘 1 上放重物而引起的杠杆 4 的位置变化数据,将其转化成电信号并经伺服放大器 8 加在线圈 5 上,因此产生的电磁力必与被称物体的重力相平衡。线圈 5 中的电流强度与精密电阻 9 中的电流强度相等,因此电阻 9 上的电压与被称物体的质量有确定的对应关系,采集该电压信号并经模数转换和微处理器处理即可在显示器上显示出秤盘上被称物体的质量。

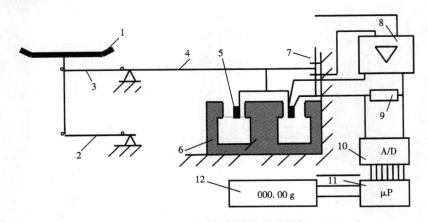

图 2 - 3 - 2　电磁力式传感器原理图

1—秤盘;2—下部杠杆;3—上部杠杆;4—传力杠杆;5—线圈;6—永磁铁;7—位置传感器;
8—伺服放大器;9—精密电阻;10—模数转换器;11—微处理器;12—显示器

三、赛多利斯天平的主要技术指针和调整方法

任何一种电子仪器都有自己特定的技术要求,这些技术指针代表一台仪器的性能是否优良。电子天平的技术指针有以下几种:

(1)灵敏度;

(2)重复性或标准偏差;

(3)四角误差;

(4)线性误差。

以上四种指针基本可以表达出一台电子天平性能的优劣,因此清楚明了其定义及调整方法是十分必要的。

任何一台仪器在出厂前都必须进行调整和测试,各项指针均达到要求后才能出厂供应给消费者。但是仪器使用一段时间后,或是经长途运输震动后,各项指针可能会出现偏差。这时要对仪器进行调整,以使其符合要求。下面详细介绍赛多利斯天平的调校及检测步骤。

(一)灵敏度

灵敏度是衡量天平准确表达所称量物体质量的能力的指标。赛多利斯天平都设有"CAL"校准键,该键就是用来调整天平的灵敏度的。每台电子天平内均有存储器 EEP-ROM,用来存储校准砝码值。这个值对于有无内装砝码的天平都是一样的,区别只在于校准时是否需要另加砝码。重量 $W=mg$，各地 g 不同，因此质量相同的物体在不同地点的重量显示不同。故使用地点变化，天平便需要进行校准，以消除重力加速度 g 的影响。天平校准时，天平内的 CPU 微处理器进行计算分析，然后将标准砝码的重量值转换成二进制编码存储在 EEPROM 中。当进行称量时，被称量物体放在秤盘上，CPU 也进行同样的计算，再将计算出的结果与 EEPROM 中的校准参数进行比较，即得出被称物体的重量。

赛多利斯天平分为有内装校准砝码和无内装校准砝码两种类型。

灵敏度的校正方法分下面几种。

1. 没有内装校准砝码的天平

1）有"CAL"键的天平

天平的面板上设有一个"CAL"键。在显示器显示"0.0000g"（依型号而定）时按一下"CAL"键，显示器上即显示应放的校准砝码值，这时将相应的砝码放在秤盘上，天平便会自动进行校准工作，最后显示出稳定符号"g"及发出一声响，便表示校正完毕。（部分型号并不发声）

2）没有"CAL"键的天平

当显示器显示"0.0000g"（依型号而定）时按"T"键（除皮键），保持 10 s 左右显示器上出现校准砝码值，将相应的砝码放在秤盘上，天平便会自动进行校准工作，最后显示出稳定符号"g"及发出一声响。（部分型号并不发声）

2. 有内装校准砝码的天平

在天平的控制面板上均设有校准键"CAL"键，在显示器显示"0.0000g"时按一下"CAL"键，显示器上出现符号"C"，同时符号"C"闪动，这表示校准工作正在进行中。经过一段时间后，显示器上出现"CC"，这表示校准工作已完成，然后显示器转为显示"0.0000g"（依型号而定），天平便可以继续称量了。

注意：如果显示器停留在"C"或"CC"不改变，表示天平的校准工作有问题，可以按"ON/OFF"键后重新做一次；假如还出现同样的情形，将天平放在其他稳定的地方进行校准，或改变天平防震系统程序，使天平能在不稳定的环境下进行校准。

3. 有内校砝码而进行外校工作

如果有一个精度极高的标准砝码，便可以采用外校正方法，先用手按住"TARE"键至显示器显示出校准砝码值，然后放上与校准砝码值相同的标准砝码，进行天平校准，直到发出一声声响便表示校准已完成。

赛多利斯天平的内装砝码修正功能。内装砝码在出厂前已调到所需精度值，但由于用户不断进行校准工作，虽然赛多利斯天平采用微电机控制电路以减小内装砝码的磨损，但是经过长时间使用后，轻微的磨损仍然存在，用这样的内装砝码进行校准必然使天平的称量值出现误差。因此，赛多利斯天平设计了内装校准砝码进行参数修正，使天平达到原来的灵敏度。内校砝码修正是先利用外校功能将外校砝码的参数与内装砝码的参数进行比较计算，然后对内装砝码的参数加以修正（和外砝值一样），这样便可以使内装砝码恢复原来的精度。

注意：进行内装砝码参数重写时，一定要使用高精度的砝码，否则会使天平精度降低。

操作步骤见表 2 - 3 - 1。

表 2 - 3 - 1　赛多利斯天平的内装砝码修正步骤

	操　　作	显　　示
1	将天平程序开关拨到开的位置	
	外校程序	
	将天平接通(按"ON/OFF"键)	字画检查,自检后显示"0.00000g"(根据精度而定)
	按除皮键,不松开关	BUSY,CAL,?,显示出应放的校准砝码值
	在秤盘上放上所要求的校准砝码(如果误差超过2%显示器上会显示" + "或" - ")," + "表示要增加砝码量值;" - "表示要减少砝码量值(注:如果使用新的 EE-PROM,则" + "" - "号没有意义)	BUSY,CAL,?,校准砝码值 经过一段时间后显示"g"并有一声响
	拿下秤盘上的砝码	0.00000g
2	将校准砝码参数写入	
	将天平关掉(按"ON/OFF"键)	STANDBY
	按住"CAL"键不放	经过自检后,显示并停留在 CH4
	另一只手按"ON/OFF"键一次	
	再按除皮键及松开	CH4,CAL,?
	松开"CAL"键	BUSY,CAL,? 经过一段时间后显示器上显示 0.00000g(根据精度而定)
3	内部校正,新写入砝码参数值	
	按"CAL"键一次	0.00000g　CAL　? BUSY,CAL,?,C BUSY,CAL,?,CC 经过一段时间后显示器上显示"0.00000g"(根据精度而定)

(二)重复性或标准偏差

重复性或标准偏差是表达天平是否达到所标精确度的指标。该指标不是一次测量得来的,而是根据连续 n 次测量的结果用统计学方法计算出标准偏差,即重复性指针:

$$e = \sqrt{\left[\Sigma(X_i - X)^2\right]/(n - 1)}$$

式中　e——重复性或标准偏差;

　　　X——n 次测量结果的算术平均值;

　　　X_i——每次测量的结果;

　　　n——测量次数(国际 $n = 6$,中国 $n = 11$)。

由于是采用统计学方法,因此应用的方法有 ABBA 或 ABAB 等。目前多采用 ABBA 方法,因为这种方法可以使温度漂移互相抵消,使测量结果更精确。通常天平的四角误差、线性误差等均达到要求后,重复性基本上合格。

(三)四角误差

将所称量物体放在秤盘上的不同位置,测量结果应大致相同,但允许有一定的偏差,这个值就是最大四角误差。四角误差的测量方法如下。

根据国际建议国际法制计量组织所述是依据天平满量程的1/3质量及称盘半径的1/3位置来对天平进行测量,如图2-3-3所示。四角误差的出现有些是由于传感器的结构与装配上产生的偏差所造成的,而最大的误差是由于上下连动杆的长度不一致所产生的。如果图2-3-4中的连动杆等长,则连轴与杠杆成直角,秤盘水平,没有任何倾斜,因此理论上没有四角误差。但实际上,上述理想状态不可能达到,只能做到误差尽量小。这一误差值在赛多利斯天平上要求不超过$3d\sim4d$。如图2-3-3所示,先将砝码放在1的位置上,然后移到2,3,4,5的位置上,看与在1上的数值是否一样,其误差值不应超过天平本身的特性指针所示的误差数值$3d\sim4d$。如果测出来的数值超过最大误差值范围,便需要对四角误差进行调整,调整方法如下。

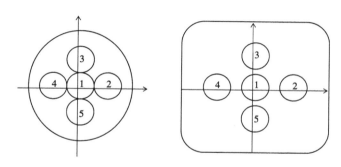

图2-3-3　四角误差的测量

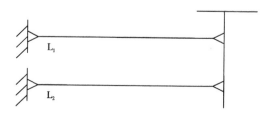

图2-3-4　四角误差产生的原因示意

注意:使用的检测砝码值要取接近天平满量程的最大整数;砝码放在天平秤盘的最外侧(如图2-3-5所示)。

(1)确定称重传感器的轴线(即调整螺钉孔的垂直平分线)。取出秤盘、补偿圈、秤盘支撑、保护圈、轴套保护、防风室底板等,会见到两个黑色小胶帽,将黑胶帽取出,孔内即调整螺钉,由此确定传感器的轴线。

(2)测量三点数据。只将秤盘支撑、秤盘及补偿圈放回,如图2-3-5所示,将砝码放到位置Ⅰ,待显示出读数及稳定符号"g"后按除皮键,显示"0.000g",再将砝码移到位置Ⅱ、Ⅲ,并记下读数,所显示的数值即各点的偏差。

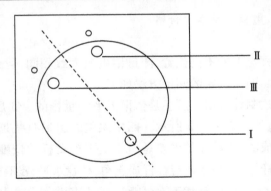

图 2 - 3 - 5　四角误差的调整

Ⅰ	Tare	0.0000g		Ⅰ	Tare	0.0000g	
Ⅱ		+0.0018g	逆时针	Ⅱ		-0.0008	顺时针
Ⅲ		-0.0010	逆时针	Ⅲ		-0.0008	顺时针

（3）调节误差值最大处的螺钉。用螺丝刀对该点旁的小孔内的螺钉进行小角度调节，误差为"＋"时逆时针旋转，误差为"－"时顺时针旋转。

（4）轻压秤盘直到显示"H"。

（5）重复步骤（2），（3），（4），直至数值为 $\pm(3d \sim 4d)$。

（四）线性误差

天平本身的放大量与显示值不呈线性变化，而是有偏差，即线性误差。这一误差是不能完全避免的，只能选择线性误差系数小的组件以使误差尽量小。电子天平的线性误差的最大磁铁来源是传感器内的永磁铁所产生的磁力线的非线性，这是不能避免的。为了保持天平的精度，赛多利斯公司设计了独特的自动跟踪补偿电路，原理如下。

由于放大组件和磁铁所产生的线性误差在模数转换前，因此设计一个线性补偿电路附加在模数转换器的共加点上将误差修正。可以调节可变电阻，调整所需要的补偿电压幅度，以配合线性误差深度，使信号在输入模数转换器前已是一个没有偏差的仿真信号了。新型号的天平系列（如 BP，MC1）利用软件对天平进行线性补偿调整，它是采用五点线性数码补偿方式进行补偿的，如图 2 - 3 - 6 所示。

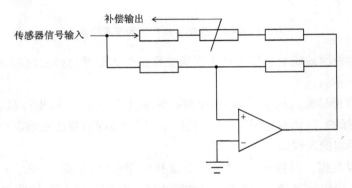

图 2 - 3 - 6　线性补偿电路

如图2-3-7所示，图(a)是没有误差的理想曲线，图(b)是由传感器与放大组件所产生的总误差曲线。利用线性补偿电路产生一条与磁铁和原有放大器相反的补偿线。A和B两条曲线加在一起得到的曲线与理想曲线非常接近，这样就达到了补偿的目的。天平出厂时，将线性调整到理想的范围内，即不大于$3d$。但用户使用一段时间后，或者是经过长途运输后发现有轻微的偏差存在，便要对线性补偿进行调整，改变补偿曲线，以达到理想输出。

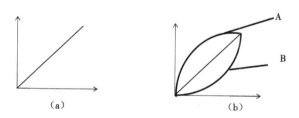

（a）　　　　　　　　　　（b）

图2-3-7　线性误差的补偿

（a）没有误差的理想曲线　　（b）由传感器与放大组件所产生的总误差曲线

1. 线性误差的检查方法

通常采用五点法或三点法，即取零点、1/4负载、1/2负载、3/4负载和满载，或零点、1/2负载和满载作为检测点。注意：作线性检测用的砝码一定要达到天平的精度范围。

2. 赛多利斯天平的线性调整方法

以A200S为例，先在秤盘上放半负载，显示"100.0005g"，再加100 g至秤盘全负载，显示"200.0000g"，则判断线性超差-10d。此时将天平外壳显示器底下左面的一个小黑胶盖取下，便可看见小孔内的可变电阻，用螺丝刀调节可变电阻，使天平的显示值为"200.0005g"左右。然后取下两个100 g砝码，按除皮键使显示器回零。再放100 g砝码，显示值为"100.0003g"，再加上一个100 g砝码，显示"200.0007g"，在200.0003 g和200.0009 g之间，即在线性容许范围内，说明线性已调整好。注意：如此时显示的值与砝码的实际质量不同，无须理会，因为这时调整的是线性而不是灵敏度。基本上所有的A，B，L，R型号都用上述方法调整线性。BA，AC，MC1，RC型号是用计算机软件对天平进行线性补偿校正，用户无法作任何调整。

3. 利用软件调整R型号天平（如R160D，R180D，R200D）的线性

赛多利斯R系列天平设有软件线性校正方式，可以利用线性修正程序对天平进行线性校正，具体步骤如下。

（1）除去天平后的黑保护胶套（有"LIN"字的位置）。

（2）改变可变电阻（P201），逆时针转到底。

（3）将一半负载加在秤盘中央，按除皮键。

（4）调节可变电阻，顺时针转到底，并记录下显示器所显示的变化数值。

（5）调节可变电阻，使显示器显示出一半的数值。

线性调节利用天平操作程序按表2-3-2进行，并观察显示内容。

表 2 − 3 − 2   线性调节

	操作	显示
1	将天平后面有"LIN"字的黑胶套取出	
	将程序开关拨向右手方向	
	调出程序代码	
2	更改程序代码,由 C331 到 C332	
	按除皮键并保持压下	
	另外按"ON/OFF"键并保持压下	
	将两键同时松开	C0 − 3
	调整程序代码到 C332	C332 ♦
	按"ON/OFF"键关机	STANDBY
3	按"CAL"键并保持压下	自动检查,由 CH0 到 CH4
	按"ON/OFF"键	CH4,CAL,?
	再按除皮键	BUSY,CAL,?
	松开"CAL"键	经过一段时间后,显示 CAL,?,0.00000g
4	按下"CAL"键	BUSY,CAL,?,L1,短时间后显示 BUSY,CAL,?,L2
	在秤盘上放一半负载	短时间后显示 BUSY,CAL,?,L3
	在秤盘上放满载	短时间后显示一数值,如" + 160.0027g",此数值可能不正确,因天平还未进行校正
5	更改程序代码,由 C332"线性程序"回到 C331"砝码参数调整程序",然后将程序开关拨到关的位置	

做一次外部校正,同时检查量程的各线性特性,如仍有偏差存在,按表 2 − 3 − 3 的步骤操作并留意显示器显示的内容。

表 2 − 3 − 3   外部校正

显示	操作
将一半负载放在秤盘上	
按除皮键	0.00000g
拿开砝码	− 80.00020g
将全负载加在秤盘上	+ 79.99980g
计算两个显示值的平均值(本例为 80.00000g)	
用可变电阻 P201 调节使示值为平均值	+ 80.00000g

按上表操作就能够修正线性误差。

四、操作规程

(1)电源连接正常。

(2)用辅助水平仪找平。

（3）标准砝码（100 g）。

（4）按"ON/OFF"键开机，再按"TARE"键2 s以上，显示"0.0000g"。

（5）按"TARE"键，显示校准砝码值"＋100.0000"，取标准砝码置于托盘上。显示砝码质量"＋100.0000g"后取下砝码，显示读数应为"0.0000g"。

（6）当显示数不为"0.0000g"时，按下"TARE"键，天平清零，再放上标准砝码，重复以上步骤，直至拿掉标准砝码后显示"0.0000g"。

（7）将被称物的容器放上，按"TARE"键，将天平清零。

（8）将被称物放入容器中，显示值为被称物的质量。

（9）记录被称物的质量。

（10）取下被称物及容器。

（11）按"ON/OFF"键关机。

五、维护保养规程

（1）清洁电子天平时，首先应将天平的电源断开，必要时取下天平上连接的数据电缆。

（2）使用后应及时清扫天平内外，定期用酒精或丙酮擦洗称盘及防风罩，以保证玻璃门正常开关。

（3）擦洗时应注意不得让液体进入天平中，不得用有腐蚀性的清洁剂（溶剂类）。

六、使用电子天平的注意事项

（一）选择合适的安放地点

（1）无阳光直射，远离暖气、空调并且周围无可察觉气流的地点。

（2）安置在稳定、无强烈震动的工作台上。如果有震动，调整相应的环境参数代码（11X）。

（二）环境要求

温度10～30 ℃，湿度50%～70%。

（三）操作注意事项

（1）首次通电必须预热30 min以上，平时保持天平一直处于通电状态；不用时按"ON/OFF"键关机，不要拔电源。

（2）关上防风罩（如果有的话），待数值稳定了（即稳定符号出现）再读数。

（3）变换了工作场所、环境温度发生变化以及连续工作4 h后，要重新校正一次（指精度在0.1 mg以上的天平）。

（4）当示值出现漂移时，检查下列原因（用无磁砝码检查，排除天平故障）：

①被称物是否吸湿或蒸发；

②被称物是否带静电，尤其是在干燥地区应避免使用过滤纸做容器；

③被称物是否带磁性。

（5）不要冲击秤盘。

仪器设备四　　数字式微压计

一、用途

DP1000－ⅢB 数字压力风速仪是一种高稳定的压力仪器,适用于 2 000 Pa 压强范围内气体的正压、负压和压差的测量及风速的测量,是各环境监测站、实验室、医药卫生、建筑空调供暖、通风、无尘室测量或标定压强的理想仪器,配上标准型毕托管可直读被测气体的流速。

二、特点

(1)液晶显示压强、风速,数字直读,仪器带温度补偿功能。

(2)美国康宇公司微压传感器,高分辨率、高精度、高稳定性。

(3)便携式仪表带后支撑结构,仪表具有数值稳定功能。

(4)仪表数字校准不用任何硬件调整,数码调零装置。

(5)适合在各种工况下使用。超出量程显示"H-H"。

(6)仪器设有电量指示及温度显示功能,电池可连续使用 100 h 以上。

三、技术指标

(1)风速范围:0 ~ 40 m/s。

(2)压强范围:0 ~ 2 000 Pa。

(3)过载能力:≤200% FS。

(4)精度/分辨率:1 级/1 Pa。

(5)预热时间:15 min。

(6)电源:9 VDC(电池)。

(7)外形尺寸:152 mm ×83 mm ×33 mm。

(8)质量:<0.3 kg。

四、使用方法

(1)开机:按面板上的开关键,仪器进入初始状态,显示屏读数(9999、8888→0000)变化5 s 后显示瞬时值,仪表预热时间 15 min。

(2)清零:预热后在仪表使用前按面板上的清零键完成校零。

(3)选择测量方案,如图 2 – 4 – 1 所示。

图 2 – 4 – 1　选择测量方案

(4)功能键:根据测量要求按功能键,在单位指示区有"Pa""mmH$_2$O""m/s"三种测量单位。

（5）压强连接:可用胶管将被测压强通过仪器的正号端接头引入被测气路。

（6）毕托管连接:毕托管全压端连接在仪器正端,静压端连接在仪器负端。测量全压连接毕托管正端,测量静压连接毕托管负端。

（7）测量:仪器置零后即可连接被测压强,如果测量值是负压在显示数前有(-)号,在数值后有测量单位指示"Pa""mmH$_2$O",测量超出量程仪表出现"H-H",此时应停止加压,以防仪表的传感器损坏。

（8）风速测量:仪器连上毕托管后,按功能键使指示区显示"m/s",用毕托管对准气流方向则仪器显示被测流速,单位为 m/s,用 L 形标准毕托管。

（9）温度:按仪表温度键,仪器显示周边环境温度,5 s 后自行返回,如需快速返回再按一次温度键。

（10）测量风速:仪器与毕托管按图 2 - 4 - 2 连接,用伯努利方程可计算流体中某一点的流速 v。

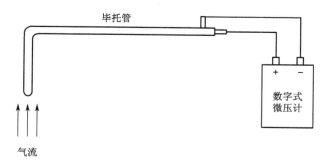

图 2 - 4 - 2　数字式微压计与毕托管连接图

$$V = K \times \sqrt{2p/\rho}$$

式中　v——风速,m/s;

　　　K——毕托管系数（L 形毕托管系数 K 为 1.0）;

　　　p——通过毕托管测得的动压,Pa;

　　　ρ——流体密度,kg/m^3（仪表设定的密度为 1.22）。

多点测量风速,求得风速的平均值后,即可计算风量 Q。

$$Q = 3\ 600 \times v \times F$$

式中　Q——风量,m^3/h;

　　　v——平均风速,m/s;

　　　F——管道截面积,m^2。

五、仪器指示区简介

（1）单位指示区显示"Pa"表示测量压强,如测得值为负,数值前有(-)负号表示。

（2）单位指示区显示"L-m/s"表示测量风速,用标准 L 形毕托管测量流速,单位为 m/s。

（3）压强测量:按功能键使单位指示区显示"mm/H$_2$O",此时测量数值单位为 mm。

（4）按温度键,单位指示区右部显示"℃",此时显示的数值表示仪器内部温度。

（5）测压时如超出量程，仪表显示"H-H"，此时应停止加压，以防损坏仪表。

六、注意事项

（1）仪表工作处需远离振动源、强电磁场，环境温度需稳定。

（2）一般情况下，不得测量有腐蚀性的气体和液体的压强。

（3）当仪表显示屏右上角的电量闪动时，表示应更换电池。

（4）仪器长时间不用应将表内的电池取出，同时注意防潮。

（5）测量的压强不得超过允许过载压强范围。

（6）仪器应周期检定（暂定一年）。

仪器设备五　　倾斜式微压计

倾斜式微压计如图 2 - 5 - 1 所示。

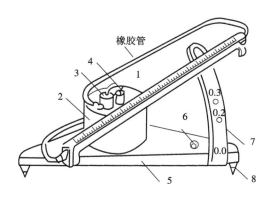

图 2 - 5 - 1　倾斜式微压计

1—倾斜测量管;2—乙醇容器;3—零位调节;4—多向座;

5—底座;6—水准指示器;7—弧形支架;8—可调水准螺钉

倾斜式微压计是通风工程中使用的测定空气压强的基本仪器。它由一个杯形容器和一个与它相连的可以调节成不同角度的玻璃管组成。当微压计两端有压强差,即 p_1 大于 p_2 时,倾斜玻璃管内的液体在竖直方向上升 h_1,倾斜管内的液体由初读数 l_0 增加到终读数 l,则微压计两端的压强差为

$$\Delta p = p_1 - p_2 = \rho g k(l - l_0) \qquad (2 - 5 - 1)$$

式中　　ρ——微压计的液体的密度,kg/m³(一般 $\rho = 0.81$);

　　　　g——重力加速度,m/s²;

　　　　l——倾斜管测压后的终读数,mm;

　　　　l_0——倾斜管测压前的初读数,mm;

　　　　k——仪表常数。

微压计的仪表常数 k 值有 0.2、0.3、0.4、0.6、0.8 五种,倾斜玻璃管全长 250 mm,微压计最大量程为 1 960 Pa。

使用倾斜式微压计测量压强或压差时应认真细致,按使用规程进行操作。

(1)旋转仪器底盘上的定位螺丝,调节仪器的水平位置,使气泡处于中心。

(2)把倾斜玻璃管放在 $k = 0.8$ 处,进行漏气实验。一般可将橡皮管接至多向阀的"-"处,用口吹气,使液柱升高至较高的位置,然后迅速将橡皮管封住,如在一段时间内液面稳定不动,即可认为不漏气。

(3)检查微压计的玻璃管内是否有气泡,有气泡时轻轻地用口吸多向阀的"-"接头,即可消除气泡。注意不要把酒精吸入与玻璃管相接的橡皮管内。

(4)初估测压的范围,把倾斜玻璃管固定于弧形支架的某一适当位置,并记下所在位置

的仪表常数 k。

（5）把工作液面调整到零刻度位置。方法是将多向阀柄拨到"校准"位置,旋动零位调整螺丝,将测量管内的液面调整到零点(或某一整数刻度 l_0,并记下初读数 l_0)。

（6）把多向阀的阀柄拨到"测压"处,连接测压管进行测量。测正压时,将毕托管用橡皮管接在多向阀的"＋"压接头上;测负压时将毕托管用橡皮管接在多向阀的"－"压接头上;如果测压差,应该将测压管中压强高的接多向阀的"＋"接头,压强低的接至"－"接头上。

（7）读数应在液面稳定时进行,如液面波动较大,应按其平均位置记取读数,将测量管上的读数(即终读数 l − 初读数 l_0)记下,然后按下式计算出实际压强或压差。

$$p = 9.8Lk$$

式中　L——玻璃测量管液柱长度,mm;

　　　k——倾斜常数(0.2、0.3、0.4、0.6、0.8)。

仪器设备六　全自动量热仪

一、概述

本仪器是最新一代智能型全自动发热量测定仪器,符合《煤的发热量测定方法》(GB/T 213—2008),主要由恒温式量热系统及单片微机控制系统等部分组成,是一种由单片微机系统自动控制,能进行数据处理的高度自动化的热量测量仪器。该仪器主要用于煤炭、石油、化工、食品、木材、炸药等可燃物质发热量的测定,在测出弹筒发热量的同时换算出相应的高位发热量和低位发热量。其主要特点和先进性表现在如下几个方面。

(1)采用高级单片微机系统和进口高精度元器件,实现高精度温度测量。配合仪器完整独特的注排水和量热系统,可自动标定系统热容量,测定试样发热量。输入硫、水分、氢等的数据,即可换算并打印出弹筒发热量、高位发热量、低位发热量等结果,并且同时打印卡和焦耳两种单位,以方便用户。

(2)内筒采用片状桨叶电动搅拌;采用熔断式棉线点火方式,可靠性高、操作方便。

(3)仪器水箱、水箱上盖的接水面全由不锈钢制造,永不锈蚀。

(4)点火采用自恢复式熔断保险,熔断后可自行恢复,免维护。

(5)操作全自动化,人工所需做的只是称量、装弹和充氧,仪器自动完成定量注水、搅拌、点火、输出打印结果、排水等工作。

(6)采用设计完善的充氧仪,使用可靠方便。

(7)人机交互界面友好,大汉字屏幕显示时间和实验进程,即学即用。

二、主要技术指标

(1)热容量:约 10 000 J/K。

(2)氧弹的主要技术指标如下。

工作压强(充氧):2.8 ~ 3.0 MPa,最大 3.2 MPa。

耐压实验(水压):20.0 MPa。

容积:300 mL。

质量:2.5 kg。

外形尺寸:ϕ86 mm × 181 mm。

(3)外水筒容量:约 45 L。

(4)内水筒容量:约 2 100 mL。

(5)点火电压:AC 24 V。

(6)点火方式:熔断式棉线点火。

(7)温度分辨率:0.000 1 ℃。

(8)测量精度:符合国标《煤的发热量测定方法》(GB/T 213—2008)。

(9)电源:AC 220 (1 ± 10%) V,50 Hz。

(10)整机功率:点火状态下 < 300 W。

(11)使用环境:5 ~ 40 ℃。

(12)注水时间:20 ~ 45 s,可调。

三、使用条件

(1)实验室应设一个单独的房间,不宜在同一房间内同时进行其他实验项目。实验室最好朝北,以避免阳光照射,否则仪器应放在不受阳光直射的地方。

(2)室温应保持相对稳定,每次测定室温变化不应超过 1 ℃,室温以在 15 ~ 30 ℃为宜。

(3)室内应无强烈的空气对流,因此不应有强烈的热源、冷源和风扇等,在实验过程中应避免开启门窗。若实验室已安装空调,则需避免空调风直接吹向仪器。

四、原理说明

标定仪器热容量的原理:在充满高压氧气的氧弹中燃烧一定量的已知热值的苯甲酸,由点火后产生的总热量和内筒水温度升高的度数求出量热系统每升高 1 K(1 ℃)所需的热量,即热容量,单位为 J/K。

测定发热量的原理:一定量的分析试样在充满高压氧气的氧弹内完全燃烧,生成的热被水吸收,水温升高,由水升高的温度,根据标定得出的量热系统每升高 1 K(1 ℃)所需的热量(即热容量),对点火热等附加热进行校正后即可求得试样的弹筒发热量。

从弹筒发热量中扣除硝酸形成热和硫酸校正热(氧弹反应中形成的水合硫酸与气态二氧化硫形成热之差)即得高位发热量。

对煤中水分(煤中原有的水和氢燃烧生成的水)的汽化热进行校正后求得煤的低位发热量。

发热量的测定由两个独立的实验组成,即在规定的条件下基准量热物质的燃烧实验(热容量标定)和试样的燃烧实验。为了消除未受控制的热交换引起的系统误差,要求两个实验的条件尽量相近。

五、材料及试剂

(1)氧气:纯度至少 99.5% ,不含可燃成分,不允许使用电解氧;压强足以使氧弹充至 3.0 MPa。

(2)苯甲酸:基准量热物质,二等或二等以上,其标准热值经权威计量机构确定或可以溯源到权威计量机构。

(3)点火丝:直径 0.1 mm 的镍铬丝(6 000 J/g),长约 120 mm 的粗细均匀、不涂蜡的棉线(17 500 J/g)。

如果要测定低发热量难燃物质,还需准备如下材料及试剂。

(1)酸洗石棉绒:使用前在 800 ℃下灼烧 30 min。

(2)擦镜纸:使用前先测出燃烧热,抽取 3 ~ 4 张擦镜纸,团紧,称准质量,放入燃烧皿中,然后按常规方法测定发热量,取三次结果的平均值作为擦镜纸的热值(一般纸张发热量在 16 200 J/g 左右,产地不同,略有差别)。

六、附属设备

(一)燃烧皿

镍铬钢制品,规格为高 17 ~ 18 mm,底部直径 19 ~ 20 mm,上部直径 25 ~ 26 mm,厚 0.5 mm 也有用合金钢或石英制成的,铂制品最理想,以能保证试样燃烧完全而本身不受腐蚀和产生热效应为原则。

（二）压力表和氧气导管

压力表由两个表头组成：一个指示氧气瓶中的压力，一个指示充氧时氧弹内的压力，表头上应有减压阀和保险阀，每两年应经计量部门检定一次。

压力表通过内径为 1～2 mm 的无缝铜管或高强度尼龙管与充氧装置连接。

压力表和各连接部分禁止与油脂接触或使用润滑油。如不慎沾污，应依次用苯和酒精清洗，并待风干后再用。

（三）分析天平

分析天平感量 0.1 mg。

七、键盘的定义及操作

本仪器的键盘有 15 个键，包括 10 个数字键，1 个小数点键和 4 个功能键，其功能如下。

（1）"0"～"9"键及小数点键：用于输入样重及日期、时间等数字。

（2）复位键：按下此键，仪器中断现行动作恢复至初始开机状态。

（3）标定键：按下此键，仪器进入热容量标定进程，自动完成热容量标定并打印结果。

（4）发热量键：按下此键，仪器进入发热量测试进程，自动完成发热量测试并打印结果。

（5）设定键：此键用于系统设置。按下此键，进入如下二级菜单。

0：热容量	5：硫氢水
1：注水时间	6：日期
2：点火热	7：时间
3：标准热值	8：测试
4：添加物	9：打印

①按"0"键，用于显示仪器内保存的本机热容量值，每次热容量标定完毕后自动写入。若需人工改变，可输入新值后按设定键，则新值被保存并启用。

以下各项与此项类似，均为按设定键保存数据并返回上级界面。

②按"1"键，用于显示和输入仪器当前的自动注水时间，若上水低于内筒里的注水口下缘或溢出，可加减此时间，单位为 s，调整范围为 20～45 s。

③按"2"键，用于显示和输入仪器当前的点火热，其值由厂家根据配送的点火丝长度和棉线长度计算所得，用户如果按厂家指导的点火丝和棉线长度使用，无须改变此值（150 J）。

④按"3"键，用于显示和输入当前标定用的苯甲酸的热值。

⑤按"4"键，用于输入添加物的热值，本机出厂所配擦镜纸热值为 16 200 J/g。

⑥按"5"键，进入如下三级菜单。

1：硫	3：全水
2：氢	4：分析水

a. 按"1"键，用于显示和输入当前测试煤样的分析基含硫量。

b. 按"2"键，用于显示和输入当前测试煤样的分析基含氢量。

c. 按"3"键，用于显示和输入当前测试煤样的全水值。

d. 按"4"键，用于显示和输入当前测试煤样的分析水值。

以上四项数据用于将仪器测定出的弹筒发热量换算成高位发热量和低位发热量。

⑦按"6"键,用于设定日期。例如输入 20081001,然后按设定键返回,则打印时将显示日期为 2008 年 10 月 1 日。

⑧按"7"键,用于设定时间。例如输入 080800,然后按设定键返回,则显示屏上将显示时间为 08:08:00,即 8 点 8 分 0 秒。

⑨按"8"键,用于测试仪器的常用功能是否正常。

a. 按"1"键,测试仪器的点火功能,按下后仪器将接通点火电路。

b. 按"2"键,测试仪器的搅拌功能,按下后搅拌叶将转动起来。

c. 按"3"键,测试仪器的排水功能,按下后排水泵将工作。

d. 按"4"键,测试仪器的注水功能,按下后注水泵将工作。

⑩按"9"键,此项功能一方面可以用于测试打印机是否正常打印,另一方面主要是为用户提供换算及补打功能。用户只要输入弹筒发热量,然后按设定键,则仪器将根据当前机内保存的煤样的含硫量、含氢量、全水值、分析水值,换算并显示和打印相应的高位和低位发热量。

八、实验流程详细说明及注意事项

(一)仪器标定

(1)称取片剂苯甲酸 1 片(约 1 g),精确至 0.000 2 g,放入燃烧皿中。

(2)把盛有苯甲酸的燃烧皿放在坩埚架上,将 1 根点火丝的两端固定在两个电极柱上,再在点火丝的中间位置系上棉线,让其与苯甲酸有良好的接触。注意勿使点火丝接触燃烧皿或两边的弹筒壁,以免形成短路而导致点火失败。

(3)向氧弹中加入 10 mL 蒸馏水,小心拧紧氧弹盖,注意避免燃烧皿和点火丝的位置因受震动而改变,用充氧仪向氧弹内充氧至 2.8 ~ 3.0 MPa,达到压强后的持续充氧时间不得短于 15 s;如果不小心充氧压强超过 3.2 MPa,应停止实验,放掉氧气,重新充氧至 3.2 MPa以下。当钢瓶中氧气的压强降到 5.0 MPa 以下时,充氧时间应酌量延长,压强降到 4.0 MPa以下时应更换氧气钢瓶,氧弹不应漏气(建议将充完氧的氧弹完全没入水桶内观察一下,如氧弹无气泡漏出,则表明气密性良好;如有气泡漏出,则表明漏气,应找出原因,加以纠正,重新充氧)。

(4)把上述氧弹放在内筒中的氧弹座架上,合上上盖,按标定键,输入苯甲酸的质量,再按标定键,仪器将自动完成标定进程:自动向内筒定量注水—搅拌—点火—结束标定并显示、保存和打印本机热容量。

(5)实验完毕,取出氧弹,放出燃烧废气,打开氧弹,仔细观察弹筒和燃烧皿内部,如有试样燃烧不完全的迹象或有炭黑存在,实验应作废。

(二)发热量测定

(1)按设定键,然后按"5"键,输入待测试样的硫、氢、全水、分析水的值。

(2)在燃烧皿中精确称取粒度小于 0.2 mm 的空气干燥煤样或水煤浆干燥试样 0.9 ~1.1 g,称准到 0.000 2 g。

对于燃烧时易于飞溅的试样,可用已知质量的擦镜纸包紧再进行测试,或在压饼机中压饼并切成 2 ~ 4 mm 的小块使用。不易燃烧完全的试样可用石棉绒做衬垫(先在皿底铺上一层石棉绒,然后以手压实)。石英燃烧皿不需任何衬垫。如加衬垫仍燃烧不完全,可提高充氧压强至 3.2 MPa 或用已知质量和热值的擦镜纸包裹称好的试样并用手压紧,然后放入燃烧皿中。

需快速测定水煤浆的发热量时,也可称取水煤浆样。称样前搅拌水煤浆试样,使其无软硬沉淀,呈均一状态。将已知质量的擦镜纸双层折叠垫于燃烧皿中,快速称取水煤浆试样 1.5 ~ 1.8 g,称准至 0.000 4 g,迅速将试样包裹好,将燃烧皿放在坩埚架上,立即进行实验。

(3)把盛有待测试样的燃烧皿放在坩埚架上,加装点火丝,过程参照前述"仪器标定"中的第(2)步。

(4)向氧弹中加入 10 mL 蒸馏水,余下的充氧过程参照前述"仪器标定"中的第(3)步。

(5)把上述氧弹放在内筒中的氧弹座架上,合上上盖,按发热量键,输入待测试样的质量,再按发热量键,输入添加物的质量(如无添加物则质量输为 0),再按发热量键,仪器将自动完成发热量测定进程:自动向内筒定量注水—搅拌—点火—结束测定并显示、打印试样的发热量(包括弹筒、高位、低位)。

(6)实验完毕,取出氧弹,放出燃烧废气,打开氧弹,仔细观察弹筒和燃烧皿内部,如有试样燃烧不完全的迹象或有炭黑存在,实验应作废。

九、常见故障及维护

(一)常见故障及原因

氧弹漏气:橡胶密封圈老化或磨损。

搅拌器不转:搅拌轴卡死、线路不通、桨叶碰撞氧弹或量热筒壁,桨叶固定螺帽松动。

点火失败:线路不通或接触不良、试样潮湿或充氧速度过快溅湿试样、点火丝或棉线与试样未接触好、两电极与坩埚短路。

试样燃烧不完全:试样难燃,氧气不充足。

打印字迹模糊:打印机装纸的盖板未关紧,造成热敏纸与打印机头接触不好,压紧门盖即可。

(二)日常维护和检查

每天实验结束后,应经常进行下述检查和维护,以使仪器经常保持良好的工作状态且延长使用寿命。

1. 氧弹

除每次实验后对氧弹进行清洗和干燥外,对以下几点也应该注意和检查。

(1)氧弹只能用手拧,手感到有阻力即应停止,切忌用工具硬拧。每天实验完毕后应进行一次清洗。

(2)弹帽和阀座用完后应冲洗干净并擦干。

(3)将弹杯冲洗干净,擦洗螺纹,并检查弹杯上是否有机械损伤,注意不许将弹杯倒置。

(4)检查密封圈是否有磨损和燃烧时的损伤,如密封不严有漏气现象,则应更换。

(5)检查绝缘垫和绝缘套是否良好,有无破损,可定期作绝缘性能检查。

(6)定期对氧弹进行 20.0 MPa 水压实验,每次水压实验后,氧弹的使用时间不得超过

2 年。

2. 量热内筒

实验结束后应将筒擦干并保持清洁。特别注意日常使用中不要让杂物掉入内筒中（常见的情况是小杂物如点火丝残渣由沾水的氧弹粘连带入内筒），以免堵塞排水泵。

3. 外套水筒

如长期不做实验，需将筒中的水放掉，保持内部清洁干净，不要让脏物掉入筒内。

4. 实验用水

最好使用纯净水，并且要定期更换，确保实验的可靠性和成功率。

（三）热容量标定值

热容量标定值的有效期为 3 个月，超过此期限应重新标定，但有下列情况时，应立即重测：

（1）更换量热温度计；

（2）更换热量计的大部件，如氧弹头、连接环（由厂家供给的或自制的相同规格的小部件如氧弹的密封圈、电极柱、螺母等不在此列）；

（3）标定热容量和测定发热量时的内筒温度差超过 5 K；

（4）热量计经过较大的搬动之后。

十、微型打印机操作简易说明

"SEL"键为打印键，SEL 指示灯亮表示打印机处于在线等待打印状态；反之，打印机处于离线状态，即打印机不接受打印命令，形同关机。"LF"键为走纸键，按"SEL"键使其灯灭，再按一下"LF"键，打印机即进入走纸状态，用于更换安装打印纸。

认清热敏打印纸的热敏层面，按下"OPEN"键（开门键），装入热敏纸，使热敏面朝上。

十一、各种点火丝点火时放出的热量

铁丝：6 700 J/g。

镍铬丝：6 000 J/g。

铜丝：2 500 J/g。

棉线：17 500 J/g。

十二、发热量测定的重复性和再现性临界差

发热量测定的重复性和再现性临界差见表 2 - 6 - 1。

表 2 - 6 - 1　发热量测定的重复性和再现性临界差

高位发热量（J/g）	重复性 $Q_{gr,ad}$	再现性临界差 $Q_{gr,d}$
	120	300

十三、计算公式

煤或水煤浆（称取水煤浆干燥试样时）的收到基恒容低位发热量计算公式为

$$Q_{net,v,ar} = (Q_{gr,v,ad} - 206 H_{ad}) \times \frac{100 - M_t}{100 - M_{ad}} - 23 M_t$$

式中　$Q_{\text{net,v,ar}}$——煤（或水煤浆）的收到基恒容低位发热量，J/g；

　　　$Q_{\text{gr,v,ad}}$——煤（或水煤浆干燥试样）的空气干燥基恒容高位发热量，J/g；

　　　M_{t}——煤的收到基全水分或水煤浆的水分（M_{cwm}）的质量分数，%；

　　　M_{ad}——煤（或水煤浆干燥试样）的空气干燥基水分的质量分数，%；

　　　H_{ad}——煤（或水煤浆干燥试样）的空气干燥基氢的质量分数，%；

　　　206——对应于空气干燥煤样（或水煤浆干燥试样）中每1%氢的汽化热校正值（恒容），J/g；

　　　23——对应于收到基煤或水煤浆中每1%水分的汽化热校正值（恒容），J/g。

如果称取的是水煤浆试样，其恒容低位发热量计算公式为

$$Q_{\text{net,v,cwm}} = Q_{\text{gr,v,cwm}} - 206H_{\text{cwm}} - 23M_{\text{cwm}}$$

式中　$Q_{\text{net,v,cwm}}$——水煤浆的恒容低位发热量，J/g；

　　　$Q_{\text{gr,v,cwm}}$——水煤浆的恒容高位发热量，J/g；

　　　H_{cwm}——水煤浆氢的质量分数，%；

　　　M_{cwm}——水煤浆水分的质量分数，%。

煤的各种不同基的高位发热量的换算：

$$Q_{\text{gr,ar}} = Q_{\text{gr,ad}} \times \frac{100 - M_{\text{t}}}{100 - M_{\text{ad}}}$$

$$Q_{\text{gr,d}} = Q_{\text{gr,ad}} \times \frac{100}{100 - M_{\text{ad}}}$$

$$Q_{\text{gr,daf}} = Q_{\text{gr,ad}} \times \frac{100}{100 - M_{\text{ad}} - A_{\text{ad}}}$$

式中　Q_{gr}——高位发热量，J/g；

　　　A_{ad}——空气干燥基煤样灰分的质量分数，%；

　　　ar，ad，d，daf——收到基、空气干燥基、干燥基和干燥无灰基。

煤的不同水分基的恒容低位发热量的换算：

$$Q_{\text{net,v}}, M = (Q_{gr,v,ad} - 206H_{\text{ad}}) \times \frac{100 - M}{100 - M_{\text{ad}}} - 23M$$

式中　$Q_{\text{net,v}}$，M——水分为 M 的煤的恒容低位发热量，J/g；

　　　M——煤样的水分，以质量分数表示，%。干燥基 $M = 0$；空气干燥基 $M = M_{\text{ad}}$；收到基 $M = M_{\text{t}}$。

仪器设备七　热线风速计

一、热线风速计的物理原理

热线风速仪是将流速信号转变为电信号的一种测速仪器,也可测量流体的温度或密度。其原理是将一根通电加热的细金属丝(称为热线)置于气流中,热线在气流中的散热量与流速有关,散热导致热线温度变化,从而引起电阻变化,流速信号即转变成电信号。它有两种工作模式:①恒流式,通过热线的电流保持不变,温度变化时,热线电阻改变,因而两端的电压变化,由此测量流速;②恒温式,热线的温度保持不变,如保持 150 ℃,根据所需施加的电流度量流速。恒温式比恒流式应用更广泛。将热线风速计的感测元件———一根通以电流而被加热的细金属丝置于通道中,气体流过它时将带走一定的热量,此热量与流体的速度有关。流速的确定常用的有两种方法。一种是定电流法,即加热金属丝的电流不变,气体带走一部分热量后金属丝的温度降低,流速愈大温度降低得就愈多,测得金属丝的温度即可得知流速的大小。另一种是定电阻法(即定温度法),改变加热电流使气体带走的热量得以补充,从而使金属丝的温度保持不变(也即金属丝的电阻值不变),流速愈大所需的加热电流也愈大,测得加热电流即可得知流速的大小。

热线的长度一般在 0.5 ~ 2 mm,直径在 1 ~ 10 μm,材料为铂、钨或铂铑合金等。若以一片很薄(厚度小于 0.1 μm)的金属膜代替金属丝,即为热膜风速仪,其功能与热线相似,但多用于测量液体的流速。热线除普通的单线式外,还可以是组合的双线式或三线式,用以测量各个方向的速度分量。从热线输出的电信号经放大、补偿和数字化后输入计算机,可提高测量精度,自动完成数据后处理过程,扩展测速功能,如同时完成瞬时值和时均值、合速度和分速度、湍流度和其他湍流参数的测量。热线风速仪与毕托管相比,具有探头体积小,对流场干扰小,响应快,能测量非定常流速;能测量很低的流速(如低达 0.3 m/s)等优点。

二、Kanomax Model 6004 的技术参数

Kanomax Model 6004 热线风速计按单一按钮即可进行全部的操作。用左面的开关可以进行风速、风温的测试、转换,测试值的保持以及开/关电源等全部操作。Kanomax Model 6004 热线风速计的探头具有互换性,并保持着很高的精度。

Kanomax Model 6004 的技术参数见表 2 - 7 - 1。

表 2 - 7 - 1 　Kanomax Model 6004 的技术参数

型号		6004	
测定对象		常温、常压下的空气流	
测定范围	风速	0.1 ~ 20 m/s(20 ~ 3 940 FPM)	
	风温	—	0.0 ~ 50.0 ℃
测定精度	风速	±(指示值的 5% +0.1)m/s	
	风温	—	±1 ℃

温度补偿精度	风速	在 10 ~ 40 ℃的温度补偿范围内 ± (指示值的 5% + 0.1) m/s
显示分辨率	风速	0.10 ~ 9.99 m/s;0.01 m/s(最小)　　10.00 ~ 20.00 m/s;0.10 m/s
	风温	—　　　　　　　　　　0.1 ℃
应答性	风速	1 s 以下(风速在 1 m/s 时 90% 应答)
	风温	30 s 以下(风速在 1m/s 时 90% 应答)
显示功能		(1)电池剩余量(4 段) (2)FAST/SLOW(1 s 或 5 s 移动平均) (3)DIP 开关更改显示单位(m/s、℃→FPM、℉) (4)显示暂停
外形尺寸		探头:约 φ6.1(φ10.6) mm × 205 mm(电缆:φ3.3 mm × 约 1.5 m) 本体:约 60 mm(宽) × 120 mm(长) × 34 mm(厚)
探头温度适用范围		0 ~ 50 ℃
本体温度适用范围		5 ~ 40 ℃
保存温度范围		−10 ~ 50 ℃
质量		约 180 g(含电池)
附属品		使用说明书
选择件		延长棒(伸缩式:166 ~ 909 mm)、备用探头

仪器设备八　毕(皮)托管

毕(皮)托管(图2-8-1),又名空速管、风速管,英文是 Pitot tube。毕(皮)托管是测量气流总压和静压以确定气流速度的一种管状装置,由法国的 H. 毕(皮)托发明而得名。严格地说,毕(皮)托管仅测量气流总压,又名总压管;同时测量总压、静压的才称风速管,但习惯上多把风速管称作毕(皮)托管。

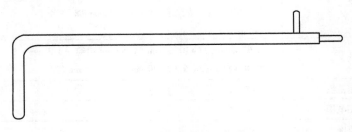

图 2-8-1　毕(皮)托管

一、结构原理

毕(皮)托管的构造如图2-8-2所示。其头部为半球形,后为双层套管。测速时头部对准来流,头部中心处的小孔(总压孔)感受来流总压 p_0,经内管传送至压力计。

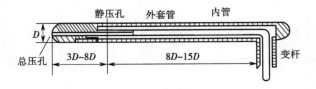

图 2-8-2　毕(皮)托管的构造

头部后 $3D \sim 8D$ 处的外套管壁上均匀地开有一排孔(静压孔),感受来流静压 p,经外套管传至压力计。对于不可压缩流动,根据伯努利方程和能量方程可求出气流马赫数,进而求速度。但在超声速流动中,毕托管头部出现离体激波,总压孔感受的是波后总压,来流静压难以测准,因而毕(皮)托管不再适用。总压孔一定面积,它所感受的是驻点附近的平均压强,略低于总压,静压孔感受的静压也有一定误差,其他如制造、安装也会有误差,故测算流速时应加一个修正系数 ζ。ζ 值一般在 0.98 ~ 1.05,在已知速度之气流中校正或经标准毕托管校正而确定。

二、用途

毕(皮)托管结构简单,使用方便,用途很广。毕(皮)托管除了用来测量飞机速度,还兼具其他多种功能。在科研、生产、教学、环境保护以及隧道、矿井通风、能源管理部门,常用毕(皮)托管测量通风管道、工业管道、炉窑烟道内的气流速度,经过换算来确定流量,也可测量管道内的水流速度。用毕(皮)托管测速和确定流量有可靠的理论根据,使用方便、准确,是一种经典的、广泛的测量工具。此外,它还可用来测量流体的压强。

三、使用方法

(1)要正确选择测量断面,确保测点在气流流动平稳的直管段。因此,测量断面离来流方向的弯头、阀门、变径异型管等局部构件要大于4倍管道直径,离下游方向的局部弯头、变径结构应大于2倍管道直径。

(2)毕(皮)托管的直径规格选择原则是与被测管道的直径比不大于0.02,以免产生干扰,使误差增大。测量时不要让毕(皮)托管靠近管壁。

(3)测量时应当将全压孔对准气流方向,以指向杆指示。测量点插入孔处应避免漏风,防止该断面上有气流干扰。按管道测量技术规范,应合理选择测量断面上的测点。

(4)毕(皮)托管只能测得管道断面上某一点的流速,但计算流量时要用平均流速,由于断面上流量分布不均匀,因此在断面上应多测几点,以求取平均值。测点按烟道(管道)测量法的规定,采用"对数—线性"法划分,也可按常用的等分面积来划分。

(5)S形毕(皮)托管静压接头处印有标记号码,并在鉴定单上注明毕(皮)托管系数。鉴定单应长期保存,以供计算。

仪器设备九 尘埃粒子计数器

一、Metone 2400 激光尘埃粒子计数器仪器说明

Metone 2400 激光尘埃粒子计数器的采样流量为 28.3 L/min,可以同时监测 6 个粒径通道,自带打印机,可以随时将测试数据打印出来,最小可以监测到 0.3 μm 的尘埃粒子。

Metone 2400 激光尘埃粒子计数器的特点如下:

(1)以 CFM 采样测量 0.3 或 0.5 μm 的粒子;

(2)可打印出结果;

(3)可同时监测 6 个粒径通道;

(4)400 组数据;

(5)应用最新的寿命长达 10 年激光光源;

(6)支持 32 个点多管次采样器。

Metone 2400 激光尘埃粒子计数器的应用领域:电子、制药、医院、空调净化、食品卫生、高效过滤、液晶显示、生物制品、硬盘、科研院所、光学、精密印刷及航空航天等领域。

Metone 2400 激光尘埃粒子计数器的技术规格如下。

(1)通道粒径(μm)如下。

①2ch 通道粒径为 0.3,0.5。

②4ch 通道粒径为 0.3,0.5,1.0,5.0。

③5ch 通道粒径为 0.3,0.5,1.0,5.0,10.0。

④6ch 通道粒径为 0.3,0.5,1.0,3.0,5.0,10.0。

(2)采样量:1 CFM(28.3 L/min)。

(3)流速控制:电子调速计(在后背板)。

(4)零假计数:每 5 min 少于 1 个。

(5)光源:激光二极管(平均无故障时间为 10 年)。

(6)显示:7 位红色 LED。

(7)输出:RS 232/RS 485 到电脑及内置打印输出。

(8)取样及间隔时间:1 s 到 24 h。

(9)计数报警:1~9 999 999 个颗粒每通道。

(10)位置标记:0~999 出现在打印纸上。

(11)数据记录:400 组。

(12)FS209 算法:平均值、标准偏差、标准误差、UCL 系数。

(13)电源:交流电源 AC 100 V,AC 115 V 或 AC 230 V;110 W。

(14)尺寸:284 mm × 457 mm × 152 mm(2400/2408),340 mm × 570 mm × 180 mm(2100C/2200C)。

(15)质量:24 lb(10.9 kg)。

(16)环境温度。

①操作时环境温度为 12～29 ℃(55～84 ℉),相对湿度为 20%～95%,无凝露;

②储存:-23～70 ℃(-10～160 ℉);

③相对湿度最高到 98%,无凝露。

(17)标准配置。

①等动能探头,带三脚架;

②清洁过滤器;

③打印纸、交流线;

④说明书。

二、使用说明

(1)将计数器放置在干净的环境中。

(2)将交流电源线插进设备电源插座,将电源线的另一端插进后面板连接器(标有 AC INPUT)。

(3)将取样管的红色保护帽取下(计数器顶部)。如果使用自带的等动能探头,将探头连接在计数器的取样管上。

(4)后面板上的"off/on"键设为 1(on)。

(5)按"run"键,开始计数,显示器显示当前计数结果。检查显示的流量是否正常,流量的单位是立方英尺,除非选择了"Concentration mode"或者"Fed-Std-209 Calculations",将调整流速。

(6)按"stop"键停止计数,显示器显示运行期间的粒子总数。

三、注意事项

(1)样品不能为活性气体(如氢气或者氧气),活性气体会在计数器内造成爆炸事故。需要进一步信息请联系厂家。

(2)红外线辐射会导致眼睛受伤,计数器工作时不要直视取样管。

(3)为防止传感器损坏,严禁水、溶剂或其他任何形式的液体通过取样管进入传感器。

(4)当取样管戴帽或者堵塞时,不要运行计数器,以防止内部泵损坏。

仪器设备十　照度计

照度计(或称勒克斯计)是一种专门测量光度、亮度的仪器仪表。光照强度(照度)是物体被照明的程度,即物体表面所得到的光通量与被照面积之比。照度计通常由硒光电池或硅光电池和微安表组成。光电池是把光能直接转换成电能的光电元件。当光线射到硒光电池表面时,入射光透过金属薄膜到达半导体硒层和金属薄膜的分界面,在界面上产生光电效应。产生的光生电流的大小与光电池受光表面上的照度有一定的比例关系。这时如果接上外电路,就会有电流通过,电流值由以勒克斯(lx)为刻度的微安表指示出来。光电流的大小取决于入射光的强弱。照度计有变挡装置,因此既可以测高照度,也可以测低照度。

一、光电池照度计的组成与使用要求

(1)组成:微安表、换挡旋钮、零点调节、接线柱、光电池、$V(\lambda)$修正滤光器等。

(2)使用要求:照度计的探头材质是玻璃,容易摔坏破损,而且防水效果很差,使用时应防潮、防湿。

二、使用步骤

(1)打开电源。

(2)打开光检测器的盖子,将光检测器水平放在测量位置处。

(3)选择合适的测量挡位。如果显示屏左端显示"1",表示照度过量,需要按下量程键调整测量倍数。

(4)照度计开始工作,并在显示屏上显示照度值。

(5)显示屏上的显示数据不断地变动,当显示数据比较稳定时,按下"HOLD"键,锁定数据。

(6)读取并记录读数器中显示的观测值。观测值等于读数器中显示的数字与量程值的乘积。比如:屏幕上显示500,右下角显示状态为"×2000",照度测量值为1 000 000 lx,即(500×2 000)。

(7)再按一下锁定开关,取消读值锁定功能。

(8)每一次观测连续读数三次并记录。

(9)每一次测量工作完成后,按下电源开关键,切断电源。

(10)盖上光检测器的盖子,并放回盒里。

仪器设备十一　　噪声频谱分析仪

一、前言

HS6288B型噪声频谱分析仪是在HS6288A型多功能噪声分析仪的基础上创新研制而成的,由主机(声级计部分)与打印机两部分组成,具有自动量程,大屏幕液晶显示,1/1频谱分析,时钟设置,自动测量,存储等效连续声级、统计声级等特点,配套打印机可自动打印出各种测量结果。通过RS-232C接口,主机与微机实现通信,将测量结果输出打印。该仪器的性能符合《声级计》(IEC 651—1979)、《电声学　声级计　第1部分:规范》(GB/T 3785.1—2010)、《电声学　声级计　第2部分:型式评价试验》(GB/T 3785.2—2010)、《声学　环境噪音的描述、测量与评价　第1部分:基本参量与评价方法》(GB/T 3222.1—2009)、《声学　环境噪声的描述、测量与评价　第2部分:环境噪声级测定》(GB/T 3222.2—2009)、《电声学　倍频程和分数倍频程滤波器》(GB/T 3241—2010)等标准对2型声级计的要求。

HS6288B型噪声频谱分析仪操作简单、使用方便、可靠性强,广泛适用于环保、工厂、学校、科研等部门对噪声的测量分析。

二、主要技术指标

(1)传声器。

1/2″驻极体测试电容传声器(HS14423)。

①频率:20 Hz ~ 12.5 kHz。

②灵敏度:25 mV/Pa。

(2)测量范围(以2×10^{-5} Pa为参考)如下。

①A声级:35 ~ 130 dB。

②线性:40 ~ 130 dB。

(3)频率计权如下。

①A计权:31.5 Hz ~ 8 kHz。

②线性:20 Hz ~ 12.5 kHz。

(4)检波器特性如下。

①LMS真有效值。

②峰值因素:3。

(5)时间计权特性:F(快)、S(慢)、最大值保持。

(6)滤波器特性如下。

①1/1倍频程。

②中心频率:31.5 Hz、63 Hz、125 Hz、500 Hz、1 kHz、2 kHz、4 kHz、8 kHz。

(7)自动测量功能:L_{eq}、L_{AE}、L_{10}、L_{50}、L_{90}、L_{max}、L_{min}、SD、L_d、L_n、L_{dn}及1/1频谱等。

(8)测量时间设定:Man(人工)、10 s、1 min、5 min、10 min、15 min、20 min、1 h、8 h、24 h、Regular(整时)。

(9)时钟:年、月、日、时、分、秒设定运行。

（10）测量数据自动存储：127 组。

（11）接口：RS－232C，外接配套打印机与微机，实现测量数据自动打印与频谱直方图打印输出。

（12）校准：使用 HS6020 或 ND9 声级校准器。

（13）声级 94 dB、频率 1 kHz。

（14）显示器：54 mm×42 mm 大屏幕液晶数显，具有模拟表针，测量方式、测量时间及时钟、1/1 中心频率显示功能。

（15）电源：5 节 LR6 型高能碱性电池，直流 7.5 V，并设有外接电源输入插孔。

（16）外形尺寸：主机 240 mm×81 mm×31 mm。

（17）打印机尺寸：178 mm×81 mm×31 mm。

（18）质量：主机约 400 g，打印机约 410 g。

（19）工作环境：操作温度 －10～50 ℃；相对湿度 20%～90%。

三、工作原理框图

HS6288B 型噪声频谱分析仪主机部分的工作原理框图如图 2－11－1 所示。

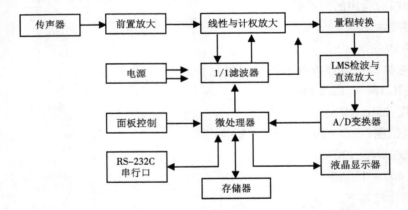

图 2－11－1　HS6288B 型噪声频谱分析仪主机部分的工作原理框图

（1）传声器：将声信号转换成电信号，具有稳定性好、频响宽等特点。

（2）前置放大：具有高输入阻抗、低输出阻抗特性，起阻抗变化作用。

（3）线性与计权放大、量程转换：该部分电路将来自前置放大器的微弱信号放大到一定程度，量程转换电路在微处理器的控制下，保证整个放大器在测量范围内均能不失真地反映输入信号的大小变化。

（4）LMS 检波与直流放大：这两部分电路对来自交流放大器的对应于被测声级的交流信号进行有效值检波，并进行一定比例的放大，使直流放大器输出对应于被测声级的线性变化直流电压。

（5）A/D 变换器、微处理器、存储器、RS－232C 串行口：这几部分电路组成了一个完整的微机单板系统，微处理器在程序存储器的控制下，由 A/D 变换器定时采样，并作 L_{eq}、L_{AE}、L_N、SD、1/1 倍频程分析等自动测量，同时将测量结果存于存储器中，经 RS－232C 串行口输出至打印机或微机。

（6）显示部分与面板部分:液晶显示器能将时钟、工作方式、测量数据、1/1 中心频率等测量标记与测量结果显示输出,面板部分提供了人工控制界面,根据测量要求将工作方式、控制信号输入微处理器中,实现噪声测量与分析。

（7）电源部分:将电池提供(或外接输入)的单一正电压转换成所需的正负电压,保证了整机的正负电源供给。

四、结构特征

仪器的主机采用塑压成型的上下机壳,内侧喷涂导电漆,形成屏蔽层,具有良好的抗电磁干扰性。主机质量轻,体积小,可手持操作。打开背面的电池盖,能方便地装卸电池。必要时可旋出下机壳上的固定螺丝,取下机壳,对内部电路进行调试与维修。

打印机的机壳也塑压成型,通过一个接口可与主机连接形成整体。更换打印纸与色带很方便,只需分别取下保护盖即可。主机与打印机联机使用时还配备了一个固定托架,携带使用可靠、方便。

五、使用方法

（一）注意事项

（1）使用前必须阅读本说明书,了解仪器的使用方法与注意事项。

（2）安装电池或外接电源应注意极性,切勿接反。仪器长期不使用时应取下电池,以免漏液损坏仪器。

（3）传声器是精密元件,切勿拆卸,防止摔摔,不用时应放置妥当。配套软盘用于微机通信,不可随意写入其他程序。

（4）仪器应避免放置于高温,潮湿,有污水、灰尘及含盐酸、碱量高的空气或化学气体的地方,避免阳光直射。

（5）请勿擅自拆卸仪器。如果仪器工作不正常,可送修理单位或厂方检修。

（二）面板与开关的操作说明

面板与开关如图 2 - 11 - 2 所示,包括如下部分。

（1）传声器。

（2）前置放大级。

（3）前置固定螺母。

（4）液晶显示屏。

（5）面板控制键。

"快、慢"键——时间计权快(F)、慢(S)特性设置键。

"↑/保持"键——瞬时最大有效值保持操作键,显示 HOLD 及"时钟""序号""输出"键作用时二次按键,改变设定数字。

"时钟"键——年、月、日、时、分、秒设定键,显示 Time。

"选择"键——L_{eq}、L_{AE}、L_N、SD 等数据调出显示操作键,显示相应数据。

"计权"键——线性(Lin),A 计权设定键。

"序号"键——数组测量与输出网络点设置键。

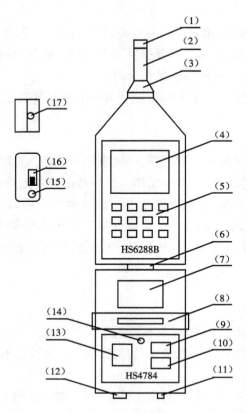

图 2-11-2　面板与开关

"频率"键——1/1 滤波器测量操作键,中心频率依次改变:31.5 Hz→63 Hz→125 Hz→250 Hz→500 Hz→1 kHz→2 kHz→4 kHz→8 kHz。

"定时"键——测量时间设定操作键:10 s→1 m→5 m→10 m→15 m→20 m→1 h→8 h→24 h→man→10 s 依次改变。

"复位"键——系统复位操作键(不清除内存中已存储的数据)。

"整时"键——整时测量方式设定键,显示 Regular 表示整时设定。

"输出"键——数据输出方式设定键,连续按时显示屏左边的数字改变。

按"↑"键——右边的数字改变,数字显示对应关系如下。

左	右	
1	1	显示单组测量数据
1	2	显示整时测量数据
1	3	显示自动滤波器测量数据
2	1	打印单组测量数据
2	2	打印整时测量数据
2	3	打印自动滤波器测量数据
3	1	单组测量数据与微机通信

3————2　　　　　整时测量数据与微机通信

3————3　　　　　自动滤波器测量数据与微机通信

"运行"键——采样启动、暂停以及设置时"确认"键。

(6)RS－232C 串口连接座。

(7)打印机纸槽位。

(8)打印头色带更换保护盖。

(9)打印机手动走纸键。

(10)打印机复原按键。

(11)打印机电源开关。

(12)打印机外接电源插座(内装充电电池时,可对电池充电)。

(13)打印机工作方式显示。

(14)打印机电源指示灯。

(15)外接电源(直流 9 V)插座。

(16)声级计电源开关。

(17)灵敏度校准电位器。

(三)使用前的准备

(1)装电池:打开仪器背面的电池盖板,按照极性标记装入 5 节 5 号干电池,若连续测量时间在 8 h 以上,建议用高能碱性电池,外接电源时,通过一个配套插头接入 9 V 的直流电压至右侧面的电源插孔中,请注意正负极性。

(2)给打印机充电:打印机电源开关置"OFF",将配套的充电器插头接到打印机后侧面的外接充电插座中,至少充电 4 h。如果在室内打印,接上充电电源可直接工作。

(3)装传声器:打开包装盒,小心取出传声器,对准前置级头子螺纹口顺时针旋紧,切不可掉下、扔摔或将传声器上的金属保护栅旋下。长期不用时请取下放回包装盒中,有条件可放置在干燥缸中保管。

(4)如果用户配备延伸电缆,只需拧松前置固定螺母,将前置级拔出,并按照定位槽口配合装入延伸电缆的一端,在另一端装上传声器即可。

(5)通电检查:开启声级计右侧面的电源开关,显示器应显示 A 声级、F 快特性、模拟表针刻度(如果左上角出现"Batt",表示电量不足,请及时更换电池)。此时加声压,显示数据随着变化,表示正常。

(6)声校准:将声级校准器(94 dB、1 kHz)装在传声器上,不振不晃,开启校准器电源,声级计计权设置在 A 或 Lin(按面板上的"计权"键),声压级读数应为 93.8 dB,否则调节声级计右侧面的灵敏度校准电位器(17),校准完成后取下校准器。如果用活塞发生器(124 dB、250 Hz),声级计计权必须设置在 Lin,校准读数应指示在 124 dB。

(四)瞬时声级测量

(1)开启声级计电源开关或按"复位"键,工作方式即为瞬时 A 声级测量,显示数据为所测 A 声级值,如需要慢特性,按"快慢"键,显示器出现"S"即为慢特性状态,出现"F"为快特性状态,一般设置为"F"。

（2）按"保持"键，显示"HOLD"，此时读数保持最大有效值，测得最大声级。不需保持再按"保持"键即可。

（五）自动测量 L_{eq}、L_{AE}、L_{10}、L_{50}、L_{90}、SD、L_{max}、L_{min} 等数据

1. 时钟设置

按面板上的"时钟"键，显示"时:分"实时时钟，再按时钟进入设置：显示器出现三位数，如 1～99 左边一位数为 1，右边两位数为随意数。如 2000 年 6 月 28 日 9 时 18 分 25 秒的设置见表 2-11-1。

表 2-11-1　时钟设置

左一位 对应关系	左一位按键	右两位按键	操作
	"时钟"键	"↑"键	
年	1	00	
月	2	06	先按"时钟"键，后按"↑"键，依次设定日期与时间
日	3	28	
时	4	09	
分	5	18	
秒	6	25	按"时钟"键退出

注意：在时钟设置过程中不可操作"运行"键；时钟设置完退出为自动测量 L_{eq} 等数据方式。

2. 测量时间设置

按"定时"键进入设定方式，再按"定时"键，测量时间依次变化：10 s→1 min→5 min→10 min→15 min→20 min→1 h→8 h→24 h→man→10 s，若设定在 1 min 时停止按键，表示自动测量时间为 1 min，其余类似。

3. 测量运行

设置好测量时间，按"运行"键进入自动测量状态。显示"RUN"标记，到预定时间测量自动结束，"RUN"标记消失，显示"PAUSE"暂停标记，测量数据被保存在内存中。不作清除或关机后一定时间内数据不会丢失。若继续按"运行"键，则自动进行第二次定时测量。

4. 读取数据

直接按"选择"键，数据依次调出显示：L_{eq}→L_{AE}→SD→L_{max}→L_{min}→L_{90}→L_{50}→L_{10}→L_{eq}。

5. 网格点设置（根据用户需要进行）

按"序号"键，显示"No"，再按"↑"键，可设定网格点号，按"运行"键确认并保存。若紧接着进行自动测量，则该数据被对应标记，打印数据时自动打印上网格点号。

6. Man 时间测量

按"定时"键使测量时间设定于"man"，然后按"运行"键进入测量。Man 时间测量不会自动结束，需要测量者手动按一次"运行"键暂停。此时按"选择"键可调出显示数据，按"输出"键存储数据，显示"SAVE"。

7. 整时 24 h 测量

按"复位"键到初始设置状态，再按"整时"键，显示"Regular"，继续按"定时"键设定整时方式的测量时间，然后按"运行"键进入整时测量（在整点时间启动测量），如 8：00（开始），9：00，10：00……直到第二天 8：00，测量 24 组数据并存储。

（六）滤波器选频测量

手动方式：按"复位"键使系统复位，按"计权"键显示"Lin"线性，按"频率"键进入滤波器方式，显示 1/1 中心频率符号"·"。按"定时"键设定好每倍频程测量时间，例如在"10 s"挡，按"运行"键显示"RUN"，到预定时间后显示"PAUSE"，表示对应的中心频率测量结束。若继续测量，再按"频率"键，中心频率依次选通，按"运行"键进入测量，直到全部测量完成，测量数据以单组数据形式自动记录在内存中。

自动测量：按"复位"键使系统复位，按"计权"键显示"Lin"线性，按"频率"键进入滤波器方式，按"定时"键设定好测量时间，再连续按"频率"键，直到 1/1 中心频率点全部选通，显示全部的"·"号，此时按"运行"键，机内 CPU 根据设定的测量时间自动从 AP→31.5 Hz →63 Hz→125 Hz→500 Hz→1 kHz→2 kHz→4 kHz→8 kHz 依次选频测量完，并自动记录数据。若重复测量，只需在 1/1 中心频率全部选通时直接按"运行"键即可，并以滤波器自动测量数据方式存储测量结果。

（七）清除内存数据

同时按住"时钟"和"快、慢"键，再按"复位"键，并且先松开"复位"键，后松开"时钟"和"快、慢"键，此时显示器应显示 9999 和 0000，表示内存中的所有测量数据被清零。

（八）输出测量数据

按"输出"键，显示器显示两个数字（参见面板控制键说明），接着按"输出"键，前面一个数字改变，"1，2，3"分别表示将内存中的数据送显示，送 HS4784 打印机，送微机处理；若接着按"↑"键，后面一个数字改变，"1，2，3"分别表示输出单组数据，整时数据，自动滤波器测量数据。例如：假设 HS6288B 声级计已存储 3 组单组数据、3 组整时数据、3 组滤波器测量数据，操作如下（按"复位"键可使显示器复位，退出任何测量方式）。

（1）若要显示第 2 组单组数据，在显示"1-1"时按"运行"键，先显示 3，表示总组数，再按"↑"键显示 2，为第 2 组数据，按"运行"键和"选择"键，显示出该组数据 $L_{eq} \sim L_{10}$。再按"时钟"键，显示出该组数据的起始测量时间。按"运行"键退出显示。

（2）若要显示所有单组数据，在显示"1-1"时按"运行"键，显示 3，按"↑"键使显示器显示"ALL"，再按"运行"键和"选择"键，显示第 1 组数据，然后按"运行"键和"选择"键，显示第 2 组数据，依次可调出显示第 3 组数据。

（3）若要显示整时数据，按"输出"键和"↑"键，使显示器显示"1-2"，按"运行"键，显示"3"，表示总组数。再按"↑"键使显示为"2"，表示要查看第 2 组数据，然后按"运行"键和"选择"键，显示数据 $L_{eq} \sim L_{10}$，在整时方式中为第 2 组数据中第 1 个小时的记录数据。接着按"运行"键和"选择"键，就显示第 2 个小时的记录数据。依此可调出显示 24 h 内及总的处理数据（相当于第 25 个数据），包括 L_{dn}、L_n、L_d，最后按"运行"键退出显示。

（4）若要显示自动滤波器测量数据，按"输出"键和"↑"键，使显示器显示"1-3"，按

"运行"键,显示"3",表示总组数。按"↑"键,选定"1",再按"运行"键,则显示第 1 组自动滤波器测量数据,接着按"频率"键,显示数据 AP→31.5 Hz→63 Hz→125 Hz→250 Hz→500 Hz→1 kHz→2 kHz→4 kHz→8 kHz 对应的 L_{eq} 值。

(5)若要打印单组数据,事先接上打印机,开启打印机电源至"ON"。使声级计显示器显示"2-1",按"运行"键,则显示"3",表示总组数。再按"↑"键显示"1",表示要打印第 1组数据,此时再按"运行"键,打印机自动打印出第一组测量数据。

(6)若要同时打印第 2 组和第 3 组数据(即选择打印),使显示器显示为"2-1",按"运行"键,显示"3",表示总组数。按"↑"键,使显示器显示"S-E",按"运行"键,"S"闪显,按"↑"键设定"2",再按"运行"键确认,表示从第 2 组开始。接着"E"闪显,按"↑"键设定"3",再按"运行"键确认,表示打印到第 3 组结束。最后按"运行"键,打印机自动打印出第2、3 组测量数据。

(7)若要打印整时和自动滤波器测量数据,只要按"输出"键和"↑"键,在显示器分别显示"2-2"和"2-3"时按"运行"键进行操作,其他与(5)类似。

若要输出数据至微机,按"输出"键和"↑"键,使显示器显示"3-1"或"3-2""3-3",分别表示将单组、整时、自动滤波器测量数据送微机通信处理。此部分操作见 HS6288B 与微机通信软件使用说明。

仪器设备十二　点焊机

　　TC2000＋热电偶丝焊接机系专门为传感器厂商设计，用来生产工业级热电偶接口，也适合需要大量敞开式接口热电偶的用户，例如有多点温度测试需求的用户和研发实验室。该设备具有操作简便，结球成型优美、品质一致等特点，能有效地提高测量精度和工作效率。且该设备无特殊技术要求，只需稍加培训，大多数人就可生产出合格产品。对于不同线径的热电偶丝，可通过面板调节工作电压进行操作。

　　型号：TC2000＋。

　　电源：AC 110～230 V，50～60 Hz。

　　输出功率：200 W。

　　焊接能力：焊接直径为 0.05～0.5 mm。

　　工作循环：5～10 对焊接/min。

　　外形尺寸：250 mm×118 mm×200 mm。

仪器设备十三 恒温水浴

一、概况

DC 系列低温恒温槽广泛用于化工、石油、医学、生物学、物理化学、计量、电子仪表等领域进行实验、检测和企业生产的冷热受控、温度均匀的场所对实验样品或生产的产品进行恒定温度实验或测试,恒温槽控制系统采用 PID 自动控制、LED 数显,它的外循环泵可把槽内的恒温液体向外输出,建立槽外第二恒温场。

二、特点

(1)低温恒温槽采用全封闭环保压缩机制冷,系统采用国际先进的无氟环保制冷技术,具有节能环保等优点。

(2)制冷系统具有过热、过电流多重保护装置。

(3)温度微机智能控制、操作简单、温度稳定性好、有上下限温度超温报警、PID 自动控制。

(4)大屏幕液晶显示,采用国际显示标准,有各种功能指示图标,用户一目了然。

(5)智能微机可修正温度测量值偏差,温度校正精度达 0.1 ℃。

(6)特殊用户 PID 可自调,有温度自整定功能。

(7)有内、外循环,外循环时可将槽内的恒温液体外引,建立第二恒温场,还可以作为冷源(热源)把槽内的液体外引,降低(升高)槽外部实验容器的温度,扩展使用范围。

(8)采用双温度传感器,在使用温度高于环境温度 5 ℃时,仪器自动切断制冷功能,大大提高了节能效率,同时延长了压缩机的使用寿命,是新颖的节能型产品。

三、技术参数

技术参数见表 2-13-1。

表 2-13-1 技术参数

型号	温度范围(℃)	温度波动(℃)	数显分辨率(℃)	工作槽容积(mm³)	槽深度(mm)	循环泵流量(L/min)	工作槽开口(mm²)	净重(kg)	总功率(kW)
DC-1010	-10~100	±0.05	0.1	250×200×200	200	6	180×140	35	1.2

四、操作步骤

(1)向槽内加入液体介质,液体介质的液面不能低于工作台板 30 mm。液体介质的选用遵循如下原则:

①工作温度低于 5 ℃时,液体介质一般选用酒精;

②工作温度在 5~80 ℃时,液体介质一般选用纯净水;

③工作温度在 80～90 ℃时,液体介质一般选用 15% 的甘油水溶液;

④工作温度在 90～100 ℃时,液体介质一般选用油。

(2)循环泵的连接。

①内循环泵的连接,将出液管与进液管用软管连接即可;

②外循环泵进行外循环连接,将出液管用软管接在槽外容器进口,将进液管接在槽外容器出口。

(3)插上电源(控制面板背面)。

(4)仪表操作如下。

①仪表按键说明。

a. 左移键(数位选择):按此键移动到数字的百位、十位、个位、十分位,从右往左移动,到达位置数字会跳动。

b. 加数键:按此键增加设置温度或时间。

c. 确定键。

d. 右移键(数位选择):按此键移动到数字的百位、十位、个位、十分位,从左往右移动,到达位置数字会跳动。

e. 减数键:按此键减少设置温度或时间。

f. 启动/关闭键。

g. 制冷压缩机强制开关键。

h. 循环泵强制开关键。

i. 工作时间设定键。

j. 温度设定键。

②温度和时间设定。

a. 插上电源后,打开电源开关。

b. 显示屏进入开机界面。

c. 温度设定。(a)进入开机界面后,按温度设定键。此时,温度设置处的数位跳动,按左移键或右移键进行数位选择。如果移动到个位,个位数就会跳动,可以通过加数键和减数键对个位数进行数据的设定,依此类推,可对十位、百位、千位数进行设定。设定完毕后,按确定键退出,设定的数据将自动保存。设备启动后将按照设定的温度进行温度控制。如设定温度为 60 ℃,则实测温度达到 60 ℃后将进行恒温控制。(b)温度校正。设备在出厂前已经对显示的实测温度和水银柱温度计的实测温度进行了对比校正,使显示的实测温度和水银柱温度计测定的实际温度保持一致。但是由于运输或环境的变化,有可能会造成显示的实测温度和水银柱温度计测定的实际温度出现偏差。此时就需要对显示的实测温度和水银柱温度计测定的实际温度之间的偏差进行校正。校正方法如下。在设备启动后,温度达到设置温度进入恒温状态时,用水银柱温度计(最好是有 0.1 ℃刻度的水银柱温度计)测量槽内液体的实际温度,计算其和显示的实测温度的偏差。然后按温度设置键 5 s,进入温度校正显示界面。如果显示的实测温度比水银柱温度计测定的实际温度低 0.1 ℃,可按左移键或右移键到小数点位,然后按减数键设置为 -000.1 ℃,设定完后按确定键,退出温度校正设置,自动保存数据。校正温度值＝温度计测定的温度值－显示的实测温度值。一般情况下,因出厂前已经过校正设置,不再需要校正设置。

d. 时间设定:按时间设定键,进入时间设定。此时最后一位数字跳动,按左移键或右移键进行数位选择。如果移动到个位数,个位数就会跳动,可以通过加数键和减数键对个位数进行数据的设定,依此类推,可对十位、百位、千位数进行设定。设定完毕后,按确定键退出,设定的数据将自动保存。时间设定范围:0～9999 min。

e. 设备启动。(a)设定完温度和时间后,按启动键 1 s,设备启动。此时,设备进入温度自动控制,循环泵自动运行,界面上的泵运行标记闪烁,表示循环泵运行。若设置温度低于实测温度,界面上的制冷标记闪烁,表示制冷运行,延时 3 min 后制冷压缩机启动,开始制冷。若设置温度高于实测温度,将进行加热,加热标记闪烁,表示加热运行。(b)如果设置时间为 0000 min,则设备无时间控制,为长时间运转模式。如设置时间为 0010 min,水温达到设定温度后开始恒温控制。这时定时小闹铃开始不停闪烁,并开始倒计时。到达 0 min 时,设备会发出提示音,表示时间已到。此时按任意键关闭提示音,按确定键重新倒计时。如果不按确定键,将进入长时间工作状态。

五、使用注意事项

(1)使用前槽内应加入液体介质,液面低于工作台面 30 mm 时不能开机,以防烧坏加热器。

(2)使用电源为 AC 220 V/50 Hz,电源容量必须大于设备的总功率。设备必须良好接地。

(3)泵开关和制冷开关:控制面板上的循环泵强制开关键和制冷压缩机强制开关键不要按,除非有特殊的需要。

①如果按了循环泵强制开关键,循环泵会关闭。这样槽内液体不同位置的温度将不均匀,影响恒温效果。此时可再按循环泵强制开关开启循环泵。

②如果在温度自动控制的情况下按制冷压缩机强制开关键,制冷压缩机会关闭。由于自动控温时,制冷压缩机处于常开状态,此时靠自动加热来稳定液体温度,如果关闭压缩机,将无法控制温度。此时可按启动键 1 s 关闭设备,然后按启动键 1 s 启动设备,即可恢复温度控制。

(4)仪器应安置于通风干燥处,后面及两侧离障碍物 300 mm 以上。

(5)使用完毕,电源开关置关机状态,拔下电源插头。

仪器设备十四　　风量罩

8710 型 DP-Calc 微压风速计(图 2 - 14 - 1)是质量轻且易操作的仪器,搭配各种附件可测量压强、温度、湿度、空气风速和空气流量。它包括微压风速计主机、毕托管和静压探针,各部件功能如下:微压风速计主机是一台多功能仪器,与毕托管和静压探针配合使用可以测得空气风速、空气流量、绝对和相对压强;毕托管主要用于风管内的空气风速、空气流量和压强的测量;静压探针主要用于风管内的静压强的测量。

图 2 - 14 - 1　微压风速计

使用说明如下。

(1)将交流电适配器与微压计连接或者在微压计中装入电池。

(2)连接毕托管与微压计,毕托管静压端(-)与微压计负压端(-)连接,毕托管总压端(+)与微压计正压端(+)连接。

(3)连接静压探头与微压计,静压探头的静压端与微压计的(+)端连接,微压计的(-)端连通大气。

(4)连接微压计与风量罩,将微压计插进风量罩底部的凹形卡槽,将感温电缆和后压阀电缆装在合适的位置。移除微压计时,先断开感温电缆和后压阀电缆,再向上按金属夹移除微压计。

(5)连接速度矩阵与微压计,速度矩阵正端(+)与微压计(+)端连接,速度矩阵负端(-)与微压计(-)端连接。旋转压铆螺母柱至不同的长度用以保持固定和平面的定位。压铆螺母柱与速度矩阵正端(+)连接,把手与速度矩阵中心的下游或负端(-)连接。

(6)连接风速探头与微压计,风速探头静压端(-)与微压计负压端(-)连接,风速探头总压端(+)与微压计正压端(+)连接。

（7）连接温度或温湿度探头与微压计。

（8）按"I/O"键开启微压计。设备显示"INIT"（初始化）并运行简短的测试。

（9）如果显示模式设为"SINGLE"，设备将停止并显示"READY"，按"READ"键将开始读取，读取完成时自动停止。如果显示模式设为"RUNAVG"，微压计将开始连续测量，按"READ"键将暂停并重新开始测量。

（10）设备读取测量结果时发出滴答的声响。

（11）当数据收集完成时显示压强数据。按"SAVE"键保存显示的数据结果到当前选择的测试 ID。（如果在微压计收集到足够的数据前按"SAVE"键，无数据显示）

（12）重复步骤（10）、（11），保存足够的样本。

仪器设备十五　YFJ(巴柯)离心粉尘分级仪

　　YFJ(巴柯)离心粉尘分级仪是利用不同粒径的颗粒在旋转过程中产生的惯性离心力不同而使尘粒分级的。

　　YFJ 离心粉尘分级仪的结构如图 2-15-1 所示。

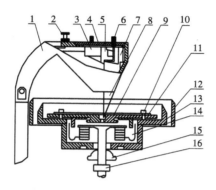

图 2-15-1　YFJ 离心粉尘分级仪

1—给料器;2—调节螺钉;3—金属筛;4—透明盖板;5—垂直遮板;6—调节螺钉;
7—振捣器;8—给料头;9—风扇叶轮;10—锁闭螺钉;11—挡环;12—保护圈;
13—转盘护圈;14—储尘容器;15—风挡;16—定位螺母

　　在振捣器和电机的带动下,粉尘通过金属筛经给料头落入旋转通道,当旋转通道在马达的带动下以 3 000 r/min 的速度高速旋转时,位于通道内的尘粒在惯性离心力作用下向外侧壁移动。同时马达带动风机叶轮旋转,使气流从下部吸入,经节流片、分级室携带小颗粒从上部边缘排出。因此颗粒在旋转通道内既受到惯性离心力作用,又受到向心气流作用,当作用在尘粒上的离心力大于向心气流的作用时,尘粒将向外壁移动,最后落入分级室。当惯性离心力小于气流作用时,颗粒随气流一起向中心运动,最后排出分级机,如图 2-15-2 所示。当旋转速度、尘粒密度和通过分级室的风量一定时,被吹出吹风机的粒径也是一定的。

　　离心粉尘分级仪带有一套节流片,共 7 片。通过改变节流片的型号,就可改变通过分级仪的风量。由最小风量开始按顺序加大风量,就可由小到大地把粉尘由分级机吹出。每分级一次应把分级室内残留的粉尘刷出、称重,两次分级的质量差就是被吹出尘粒的质量。

　　在仪器出厂前,分级仪对应每一个小风挡吹出颗粒的直径已用标准粉尘进行实验,给出颗粒直径的大小。

　　实验用粉尘指理论(标准)颗粒,即尘粒为球形且密度为 1 g/cm³ 的颗粒。若实验用粉尘密度与标准不同,必须进行下列修正。

$$d_{\mathrm{c}} = d' \sqrt{\frac{\rho'_{\mathrm{c}}}{\rho_{\mathrm{c}}}}$$

简写为

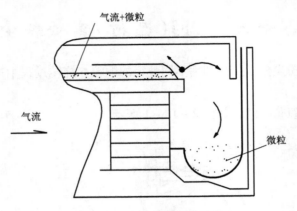

图 2 – 15 – 2　尘粒运动示意

$$d_c = \frac{d'_c}{\sqrt{\rho_c}} \qquad\qquad (2-15-1)$$

式中　　d'_c——对应于某一节流片的标准粉尘的极限粒径,mm;

$\quad\quad\quad d_c$——对应于某一节流片的实验粉尘的极限粒径,mm;

$\quad\quad\quad \rho'_c$——标准粉尘的密度,g/cm^3;

$\quad\quad\quad \rho_c$——实验粉尘的密度,g/cm^3。

根据实际情况进行密度修正后,即可算出粒径大于极限粒径的尘粒的百分数:

$$R = \frac{M_c + M_1}{M} \times 100\% \qquad\qquad (2-15-2)$$

式中　　M——取样量,g;

$\quad\quad\quad M_1$——粒径大于 0.4 mm 的颗粒的质量,g;

$\quad\quad\quad M_c$——粒径大于某节流片极限粒径的颗粒的质量,g。